岩鹰鸡

胡耀东　主编

中国农业出版社
北　京

图书在版编目（CIP）数据

岩鹰鸡 / 胡耀东主编 . -- 北京：中国农业出版社，
2025. 7. -- ISBN 978-7-109-33477-9

Ⅰ. S831.4

中国国家版本馆 CIP 数据核字第 2025KJ3451 号

中国农业出版社出版

地址：北京市朝阳区麦子店街 18 号楼
邮编：100125
责任编辑：刘　伟
版式设计：杨　婧　　责任校对：赵　硕
印刷：中农印务有限公司
版次：2025 年 7 月第 1 版
印次：2025 年 7 月北京第 1 次印刷
发行：新华书店北京发行所
开本：700mm×1000mm　1/16
印张：13.25
字数：230 千字
定价：60.00 元

— 编者名单 —

主　编　胡耀东

副主编　陈彬龙　孙才云

编　者　胡耀东　陈彬龙　孙才云　唐　诗　王　映
　　　　　　任　鹏　邓飞龙　蔡滨键　王建萍　肖雨佳
　　　　　　陈雨涵　王思妮　朱　峰　李地艳

前言

在中国众多传统家禽品种中，岩鹰鸡以其独特的肉质特性和营养价值而受到人们的喜爱。岩鹰鸡养殖业是我国畜牧业的组成部分之一，也是农业农村经济收入的重要来源之一。本书旨在为读者提供科学、实用的岩鹰鸡养殖技术，同时引入现代科学理念，以期提高岩鹰鸡养殖效率和产品质量。我们期望通过本书的出版，推动岩鹰鸡养殖业的可持续发展，为特色农业发展贡献力量。

本书共 11 章，主要对岩鹰鸡的文化与历史渊源、品种形成与发展现状、品质特征与生产性能、养殖场建设与环境控制、保种与选育、繁殖与孵化、营养与饲料、饲养管理、疾病防控、产品加工、产业融合与开发等方面进行了阐述，是一本实用性技术手册。适合广大岩鹰鸡养殖业者、养殖企业技术人员、农业科研机构工作者、农业院校师生以及所有对岩鹰鸡养殖感兴趣的读者。建议读者在阅读时，结合实际养殖情况，对照书中的理论和技术进行实践，以期取得较好的养殖效果。

在此要感谢所有参与本书编写、审校和出版的同仁们，是他们的辛勤工作和专业建议，使得本书能够顺利面世。同时，也要感谢那些在岩鹰鸡养殖领域作出贡献的专家学者们，他们的研究成果为本书的编写提供了宝贵的资料，感谢西昌学院提供项目支持。

编　者

2025 年 4 月

目录

01 第一章 岩鹰鸡的文化与历史渊源

岩鹰鸡在我国凉山地区有着悠久的养殖历史和深厚的文化底蕴。从古至今，岩鹰鸡都是当地人民重要的食物来源之一，其肉质鲜美、营养丰富，深受当地人民的喜爱。在凉山地区，人们逢年过节喜食岩鹰鸡，祭祀也用岩鹰鸡。

一、古代文献中的岩鹰鸡

明代李时珍在《本草纲目·禽部》中已有对岩鹰鸡的描述，将岩鹰鸡归类为家禽，"岩鹰鸡，生山崖间，攀缘如飞，善斗，食蛇虫"，这段描述不仅揭示了岩鹰鸡的生活环境、基本特性，也展现了其在古代人们心中的独特地位。

唐代诗人李白在《蜀道难》中写道："青泥何盘盘，百步九折萦岩峦。"这里的"岩峦"便是岩鹰鸡的栖息地。

《神农本草经》对岩鹰鸡有所记载，岩鹰鸡的羽毛可以用于制作药物，具有祛风除湿、活血止痛的功效。这种对岩鹰鸡药用价值的认识，反映了古代人们对自然资源的利用和尊重。

岩鹰鸡之所以能在古代文献中留下深刻的印记，与其独特的生物学特征密不可分。它生活在人迹罕至的悬崖峭壁之上，善飞行和攀爬。同时，岩鹰鸡的神秘性和稀有性也增加了其文化魅力。

二、岩鹰鸡在凉山地区的养殖历史及地位

在凉山，岩鹰鸡的养殖历史可以追溯到秦汉时期，在当时，饲养大红公鸡（即现在的岩鹰鸡）用于报时、待客、祭祀等。1998 年，四川省畜牧食品局、

凉山彝族自治州畜牧局、凉山彝族自治州畜牧科学研究所对岩鹰鸡进行了调查和品种整理，并将岩鹰鸡命名为"美姑岩鹰鸡"。1999年，在西南地区新资源调查时，更名为凉山岩鹰鸡。

岩鹰鸡主要分布在我国西南和西北地区的山区，如云南、贵州、四川、甘肃等地，这些地区多为民族（如彝族、藏族、苗族等）聚居区。在凉山，岩鹰鸡的养殖不仅是一种生产活动，还是一种文化传承。在许多民族的传统习俗中，岩鹰鸡都扮演着重要的角色。例如，在藏族人民聚居地，岩鹰鸡被视为吉祥的象征，常常出现在节日庆典和宗教活动中；而在彝族人民聚居地，岩鹰鸡是男子成年礼的重要礼物之一，象征着勇气和力量。在一些地方，人们会在特定的节日举行岩鹰鸡祭祀活动，祈求岩鹰鸡的庇护和保佑。人们会准备丰盛的祭品，包括酒、肉、水果等，放在岩鹰鸡的雕像前，祈求来年风调雨顺、五谷丰登。

此外，当地的民间艺术也表现出了对岩鹰鸡的热爱和崇敬。一些民间艺人会创作关于岩鹰鸡的歌曲、舞蹈和戏剧等，他们用歌声和舞蹈来讲述岩鹰鸡的传说故事，传递着人们对岩鹰鸡的敬仰和感激之情。

彝族人家中圈养的岩鹰鸡公鸡

彝族人家中圈养的岩鹰鸡雏鸡群

笼养的美姑岩鹰鸡白羽系（常在文化传承活动中使用白色岩鹰鸡）

02 第二章 岩鹰鸡的基本情况

第一节 岩鹰鸡品种形成

一、原产地、中心产区及分布区域

岩鹰鸡是一种原产于中国西南部的特有禽类，早期主要分布在四川省的美姑县黄茅埂山脉的高二半山一带，集中分布在连渣洛河流域的山区，这个区域的自然环境为岩鹰鸡提供了得天独厚的栖息地，使得它们能够在这里繁衍生息。在这里，岩鹰鸡经历了长期的自然选择和进化，逐渐形成了如今我们所见的独特品种。

岩鹰鸡之所以能够在此区域生存下来，与其独特的生理特征密不可分。它们的羽毛浓密，具有很好的保暖性能；其喙和爪则适应了岩石攀爬和地面行走。这些适应性特征，是岩鹰鸡在长期的生存斗争中逐渐演化出来的。

岩鹰鸡的原产地不仅是其物种演化的起点，还是其文化意义的发源地。在当地民间传说中，岩鹰鸡被赋予了诸多神秘的色彩，成为勇敢、智慧和自由的象征，这些故事不仅丰富了当地的民间文化，也使得岩鹰鸡在人们心中占据了特殊的地位。

随着现代科学技术的发展，人们对岩鹰鸡原产地的认识越来越深入。通过分子生物学和遗传学的研究，科学家们发现岩鹰鸡的遗传物质中蕴含着丰富的信息，这些信息不仅揭示了岩鹰鸡的起源和演化历程，还为我们理解生物多样性和生态系统的稳定性提供了宝贵的线索。

除自然环境的影响外，人类活动也在岩鹰鸡原产地形成过程中起到了不可忽视的作用。自古以来，当地居民持续驯化岩鹰鸡，将其作为家禽饲养，这种人工选择的过程，进一步加剧了岩鹰鸡遗传特征的分化，使得某些优良性状得以保留和强化。同时，人类的迁徙和贸易活动也使得岩鹰鸡的分布范围得以扩大，从原产地向周边地区扩散。

随着岩鹰鸡分布范围的不断扩大，云南、四川、贵州等地都逐渐成为岩鹰鸡的主要产区。这些地区的自然环境得天独厚，气候温和，植被茂密，为岩鹰鸡的生存和繁衍提供了理想的条件。在这里，岩鹰鸡得以自由地生活，不受外界干扰，保持着其原始的生态特征。

云南的山地丘陵地形，为岩鹰鸡提供了栖息地和丰富的食物来源。同时，云南的气候特点也使得岩鹰鸡能够全年生长，无须迁徙。当地农民利用丰富的自然资源，采用传统的放养方式不仅保证了岩鹰鸡的天然生长，还使得其肉质更加鲜美。近年来，云南省政府大力支持岩鹰鸡产业的发展，通过政策扶持和技术指导，帮助农民提高养殖技术，增加收入。

四川、贵州是岩鹰鸡的重要产区。在四川凉山地区，岩鹰鸡的养殖已成为当地的支柱产业之一。农民利用凉山丰富的森林资源，为岩鹰鸡提供天然栖息地，同时，他们通过改良饲料配方，提高岩鹰鸡的生长速度和产蛋率。当地农民还结合现代养殖技术，建立岩鹰鸡养殖场，实现规模化生产。

这些地区除了拥有优越的自然环境外，人文因素也对岩鹰鸡品种的形成产生了积极的影响。当地居民对岩鹰鸡的选育、饲养和管理有着丰富的经验，他们通过世代相传的方式，不断改良和优化岩鹰鸡品种特性，这种人工选择的过程，加速了岩鹰鸡品种的形成和演化。

现代养殖技术的引进，使得岩鹰鸡的生产效率得到了显著提高。同时，随着人们对健康食品的追求日益增强，岩鹰鸡因其独特的营养价值和风味，逐渐成为市场的宠儿。在中心产区，岩鹰鸡的品种改良也取得了显著成果，岩鹰鸡的体型、羽色和产蛋量等性状得到了显著改善。例如，一些地方选育出了羽毛颜色更为艳丽、体型更大的岩鹰鸡品种。

二、产区自然生态条件

岩鹰鸡的品种形成与其所处的产区自然生态条件密不可分。岩鹰鸡主要分布在云南、四川、贵州、甘肃等地，这些地区的自然生态条件对岩鹰鸡的品种形成起到了决定性的作用。云南山地丘陵起伏连绵，森林覆盖率高，为岩鹰鸡提供了充足的食物和庇护所。在四川和贵州，喀斯特地貌的发育，使得地形更加复杂多样，为岩鹰鸡提供了丰富的生存空间。

在这些生态环境复杂的地区，岩鹰鸡也面临着严峻的生存挑战，必须适应当地的气候、食物和栖息地条件。这种适应过程，促使岩鹰鸡的身体结构和行为习性发生了显著的变化。例如，岩鹰鸡的羽毛颜色和形状，以及它们的食性和繁殖习性，都是对当地生态环境适应的结果。

岩鹰鸡产区的自然生态条件也影响了其遗传多样性。在不同的生态环境中，岩鹰鸡面临着不同的生存和选择压力，促使其不断演化，在特定的生态环境中演化出了更强的生存能力形成特定的类型。

这些自然生态条件还影响了岩鹰鸡与其他生物的关系。在食物链中，岩鹰鸡处于中间层次，既捕食其他小型动物，也是大型食肉动物的捕食对象，这种相互作用，进一步促进了岩鹰鸡的适应和演化。

（一）岩鹰鸡与云南山地丘陵地形

云南的山地丘陵地形复杂多变，既有陡峭的山坡、平缓的草地，也有茂密的森林，岩鹰鸡可以在这些不同的地形中灵活穿梭，寻找食物，躲避敌害。它们的巢穴通常建在悬崖峭壁之上，这样既可以躲避地面的捕食者，又可以借助风力保持巢穴的干燥。

岩鹰鸡的繁殖能力与其生存的山地丘陵地形密切相关。在适宜的环境条件下，岩鹰鸡每年可繁殖2～3次，每次产下10～15枚卵。岩鹰鸡的巢穴地址选择和建造都非常巧妙，孵化成功率相对较高。

（二）岩鹰鸡与凉山盆地

凉山盆地四周高山峻岭环绕，内部地势相对平坦，但又有众多低山和丘陵穿插其中。盆地内的气候温和湿润，降水充沛，植被繁茂，为岩鹰鸡的繁衍提供了良好的生态环境。岩鹰鸡以杂食为主，它们的食物来源广泛，包括昆虫、植物果实、种子等。在凉山盆地，食物资源十分丰富，能够满足岩鹰鸡的生长需求。

然而，随着人类活动的不断扩张和自然环境的改变，岩鹰鸡的生存也面临着前所未有的威胁。栖息地的破坏、生态环境的恶化及非法狩猎等行为，都给岩鹰鸡的生存带来了极大的压力。因此，应采取切实有效的措施，保护岩鹰鸡的自然生态条件。例如，加强对岩鹰鸡栖息地的保护，制定严格的保护区管理制度，禁止任何形式的破坏性行为；加强对岩鹰鸡种群的监测，及时了解其数量动态和生存状况，为科学管理提供数据支持；加强宣传教育，提高公众对岩鹰鸡自然生态条件的保护意识等。

第二节　岩鹰鸡发展现状

一、品种保护与利用情况

通过保护和合理利用特色地方品种，可以促进当地农业生产方式的转变，实现资源的高效利用和环境的可持续发展。此外，特色地方品种的保护和利用还可以带动农村经济的发展，增加农民收入，促进农村社会的和谐稳定。

岩鹰鸡作为四川省凉山彝族自治州美姑县的特色地方鸡种，其保护和资源利用得到了当地政府、科研机构、企业和农民等多方面的支持。

政府政策层面：1999 年，美姑县成立岩鹰鸡选育场，开始了对岩鹰鸡的保种和提纯复壮工作。2010 年，农业部正式批准对"美姑岩鹰鸡"实施农产

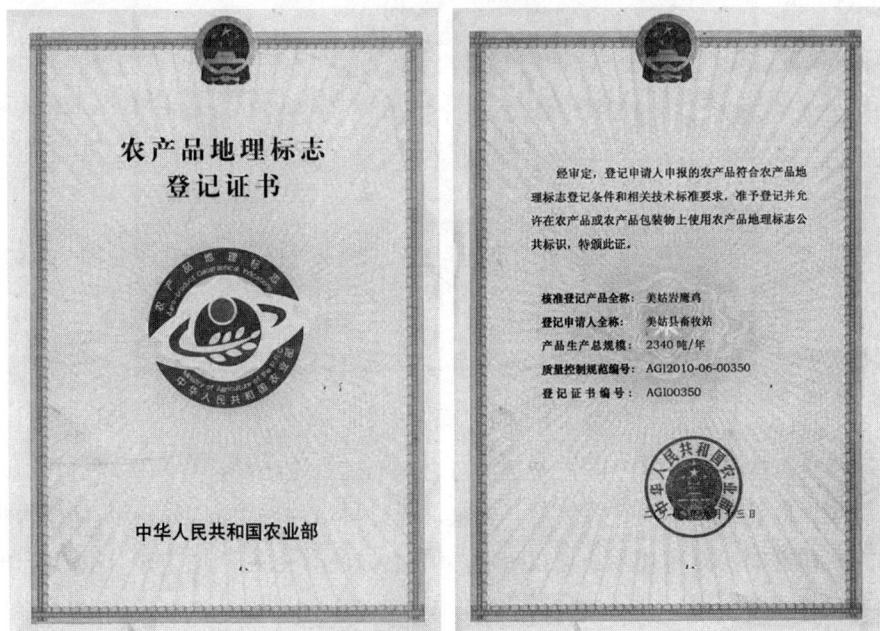

美姑岩鹰鸡农产品地理标志登记证书

7

品地理标志登记保护。这一举措不仅是对岩鹰鸡品种价值的认可，更对其未来发展提供有力保障。如今，美姑县已经建立了岩鹰鸡孵化园，引进了先进的孵化设备和技术，提高了孵化率和存活率。

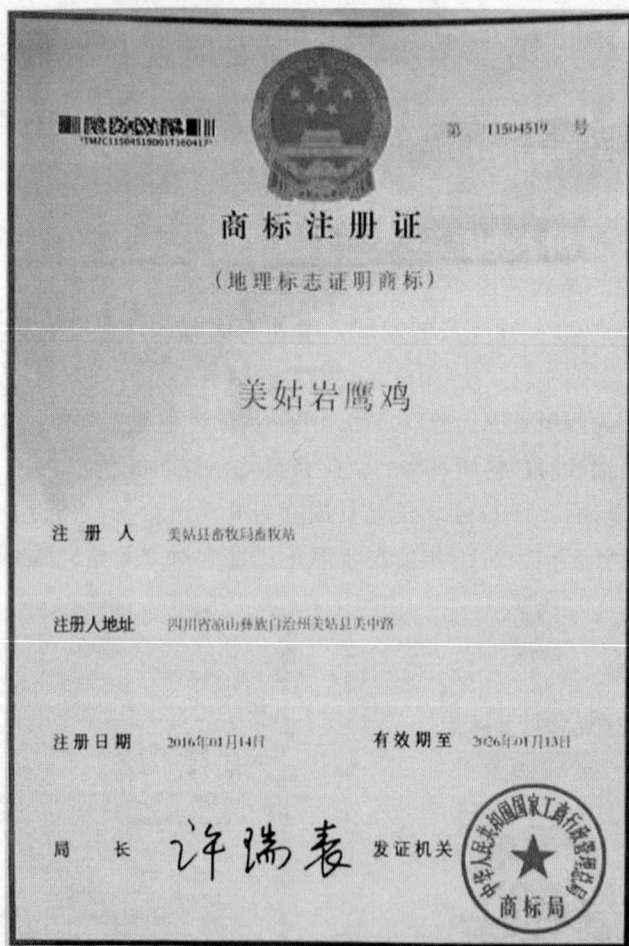

第 11504519 号

商 标 注 册 证

（地理标志证明商标）

美姑岩鹰鸡

注 册 人　美姑县畜牧局畜牧站

注册人地址　四川省凉山彝族自治州美姑县美中路

注 册 日 期　2016年01月14日　　　有 效 期 至　2026年01月13日

局　长　许瑞表　发证机关

美姑岩鹰鸡商标注册证书

科研机构科技支撑方面：一是，对岩鹰鸡进行系统的选育和提纯复壮，以确保其优良基因库得到有效保存。二是，通过科学的选育方法，不断优化岩鹰鸡的品种质量，提高其生长速度和抗病能力，使其更好地适应现代化生产的需求。

企业也积极参与品种保护工作，通过商业化运作实现该品种的可持续利用。农民作为岩鹰鸡的终端养殖者，传承和发扬传统的养殖技艺。

美姑岩鹰鸡中发生变异的"翻毛"美姑岩鹰鸡

二、产业发展情况

（一）美姑县岩鹰鸡产业的发展情况

1. 岩鹰鸡产业的崛起与规模扩张

美姑县充分利用其自然条件优势，进行岩鹰鸡规模化生产，建立了岩鹰鸡孵化园，实现了年孵化鸡苗 15 万只、培育种鸡 4 000 多只的产能。

在规模化生产的同时，美姑县还采取了"大场带小场"和"小场带农户"的模式，鼓励和支持当地农户参与岩鹰鸡的养殖。这种模式不仅提高了农户的养殖积极性，也促进了岩鹰鸡产业链的完善，形成了从孵化、养殖到销售一体化的产业体系。

岩鹰鸡产业的蓬勃发展得益于两种创新的经营模式："大场带小场"和"小场带农户"。"大场带小场"模式是指以大型养殖企业或合作社作为核心，带动周边小型养殖场的发展模式。这些大型养殖场通常拥有先进的设施设备、技术和管理经验，它们通过提供统一的技术支持、种苗和饲料，以及市场渠道，为小型养殖场提供全方位的服务。这种模式的优势在于能够快速形成产业集群，实现资源共享和风险分散，同时提高整个产业链的竞争力。

与"大场带小场"相辅相成的是"小场带农户"模式。在这一模式中，小型养殖场成为连接农户与市场的桥梁。这些小型养殖场通常由当地农户经营，他们通过养殖岩鹰鸡获得收入，同时也从大型养殖场那里学习养殖技术和管理经验。这种模式的好处是能够激发农户的积极性，让他们直接受益于产业发展，同时也促进了农村劳动力的就地转移和就业。

美姑县农户养殖的岩鹰鸡

这两种模式的结合，既保证了岩鹰鸡产业的规模化发展，又确保了农民的广泛参与和利益分配。通过"大场带小场"，可以实现技术和资源的高效利用，"小场带农户"则有助于解决小规模农户的市场接入问题，实现产销对接。然而，这两种模式也面临着挑战，比如如何平衡大场和小场的利益关系，如何确保技术的有效传播，以及如何应对市场波动等风险。

"大场带小场"和"小场带农户"的模式为岩鹰鸡产业的发展提供了有力支撑，不仅促进了产业的规模化和标准化，也为当地农民带来了实实在在的经济效益。

2. 品牌建设与市场拓展

美姑县深知品牌建设对于产品市场竞争力的重要性。因此，县内通过举办岩鹰鸡选美大赛等活动，提升岩鹰鸡的知名度，吸引更多的消费者。同时，与电商平台的合作拓宽了销售渠道，使得岩鹰鸡不仅在凉山彝族自治州内市场占有一席之地，还远销其他省（自治区、直辖市），实现了市场的多元化布局。

美姑县的岩鹰鸡产业不仅是地方特色产业的典范，也是乡村振兴战略实施的重要抓手。通过科技创新、品牌建设和市场拓展，岩鹰鸡产业已经成为推动当地经济增长和社会发展的重要引擎。未来，随着产业的不断升级和市场的进一步拓展，岩鹰鸡产业有望成为美姑县乃至整个凉山彝族自治州经济发展的新亮点。

證 書

[CERTIFICATE]

在2010中国农产品区域公用品牌价值评估中， 美姑岩鹰鸡 品牌价值为 1592 万元人民币。

中国农产品区域公用品牌价值评估课题组
China Agriculture Regional Brand Value Evaluation

美姑岩鹰鸡中国农产品区域公用品牌价值评估证书

（二）其他地区岩鹰鸡产业的发展情况

其他地区岩鹰鸡的养殖未形成规模，处于农户散养、圈养状态。

农户家中圈养条件下的岩鹰鸡青年鸡

彝族村民家中养殖的在简易栖息架上的岩鹰鸡

圈养条件下岩鹰鸡公鸡在院中散步

散养的岩鹰鸡和其他肉鸡混养

三、养殖的意义和前景

岩鹰鸡养殖的意义远不止于观赏和经济价值。随着规模化养殖的兴起，岩鹰鸡养殖在节约劳动力、提高养殖效益、保证产品质量等方面都展现出了明显的优势。例如，通过引进先进的孵化设备和技术，岩鹰鸡养殖规模得以扩大，鸡苗的规模化孵化有效提升了产量和质量。同时，规模化养殖还有助于统一管理和疫病防控，确保岩鹰鸡的健康和产品的安全。

此外，通过选育高产、高质、强健的岩鹰鸡品系，结合生态养殖技术，可以有效提高岩鹰鸡的生产性能和产品质量。同时，随着消费者对绿色、健康食品的需求不断增加，岩鹰鸡的市场需求也将持续增长。

岩鹰鸡养殖的发展还有望为地方经济带来新的增长点。同时，岩鹰鸡养殖还可以带动相关产业的发展，如饲料生产、兽药销售、物流运输等，形成完整的产业链，促进地方经济的繁荣。

四、产业化发展对策

政府的支持是岩鹰鸡产业发展的基石。通过财政补贴、税收优惠等政策，可以有效降低养殖成本，提高农民的积极性。例如，美姑县政府通过设立岩鹰鸡产业发展基金，为农户提供种鸡购买、饲料购置和疾病防治等方面的资金支持。此外，政府还通过建设基础设施，如道路、水利和电力设施，改善养殖区域的交通和生产条件。

技术是岩鹰鸡产业发展的核心。通过引进和培育优质种源，提高岩鹰鸡的生产性能。例如，美姑县与四川农业大学合作，开展岩鹰鸡的品种改良和选育工作，成功培育出高产、抗病的岩鹰鸡品系。同时，政府还通过建立技术推广体系，组织专家和技术人员到养殖现场进行指导和培训，帮助农民掌握先进的养殖技术和管理经验。

市场是岩鹰鸡产业发展的关键。养殖场（户）可以通过市场调研，了解消费者需求，制订相应的营销策略；积极参加农产品展销活动，推广岩鹰鸡的品牌和产品，开拓国内外市场；成立专业合作社，整合资源，共同开拓市场，提高议价能力。

生态养殖是岩鹰鸡产业发展的必然趋势。政府可以制定生态养殖标准，推广绿色生产技术，鼓励农民采用有机肥料和生物防治等环保措施。例如，美姑县推行"鸡—沼—果"循环农业模式，将岩鹰鸡的粪便作为有机肥料用于果园，实现了资源的循环利用。

岩鹰鸡产业的发展不仅有助于农民增收，也有助于保护当地的生态环境。通过科学的管理和市场的引导，岩鹰鸡产业有望成为中国西南地区农业发展的新动力。政府、企业和农民的共同努力，将为岩鹰鸡产业的繁荣奠定坚实的基础，为地方经济的发展注入新的活力。

03 第三章 岩鹰鸡品质特征与生产性能

第一节 岩鹰鸡特定的品质特征

一、外观特征

1. 体型特征

岩鹰鸡体型较大，骨骼健壮，身高体大，颈部粗短，胸深背宽，体躯呈砖块形，腹部丰满，腿部粗壮且胫部长。头部相对较小，喙部强健，适合啄食硬质食物。这种生理结构有助于岩鹰鸡在野外觅食，也显示出其强大的生存能力。

岩鹰鸡较小的头部

岩鹰鸡头部特写

2. 羽毛特征

公鸡羽毛红色居多，颈羽、鞍羽、翼羽、尾羽黑色。母鸡羽毛以深鹧鸪色居多，也有黄色、白色、黑色。岩鹰鸡的羽毛颜色多样，有的品种羽毛呈深色，带有金属光泽，有的则是浅色或者带有斑点。这种多样性不仅增加了岩鹰鸡的美感，也是其适应不同环境的重要特征。

岩鹰鸡红色羽系

岩鹰鸡黑色羽系公鸡

岩鹰鸡母鸡

3. 腿部特征

胫黑色，多数有胫羽，皮肤白色或淡黄色。岩鹰鸡的腿部强壮，脚爪锋利，适合在岩石上行走和捕食。这种适应性强的生理结构，使岩鹰鸡能够在复杂的山地环境中生存。

岩鹰鸡公鸡"长腿"特写

4. 嘴部特征

　　岩鹰鸡的鸡喙上半部分有明显的弯曲，喙下半部分平直或略微向下弯曲，尖锐如钩，形似鹰的嘴，故称"鹰嘴"。该特征极为醒目。角质层厚实坚硬，颜色多为灰黑色，上下喙闭合时严丝合缝，仿佛天生为啄食硬物而设计。

岩鹰鸡雏鸡"鹰嘴"特写

岩鹰鸡公鸡"鹰嘴"特写

美姑岩鹰鸡"鹰嘴"特写

美姑岩鹰鸡的"鹰嘴"样品

二、产品特征

(一) 鸡蛋

1. 大小、形状和颜色

岩鹰鸡鸡蛋通常比标准鸡蛋小，蛋壳较硬且厚实，形状各异，颜色较为多样化，有浅褐色、深褐色、灰白色、深绿色、浅绿色等。

美姑岩鹰鸡鸡蛋

2. 口感

岩鹰鸡鸡蛋的口感鲜美，这是因为其谷氨酸含量比普通鸡蛋高，使得鸡蛋的味道更加浓郁。

3. 营养成分

岩鹰鸡鸡蛋的营养价值普遍高于普通鸡蛋，其含有更高比例的蛋白质、维生素、矿物质，尤其是锌、硒、碘等微量元素的含量比普通鸡蛋高。与普通鸡蛋相比，岩鹰鸡鸡蛋的蛋黄更加饱满，色泽金黄明亮，几乎达到橙红色。这是因为岩鹰鸡的食物来源丰富多样，主要以天然草料为主，辅以昆虫和小型野生动物，使得蛋黄中富含高浓度的 Omega-3 脂肪酸、维生素 E 和多种矿物质。

（二）鸡肉

在营养成分方面，岩鹰鸡鸡肉富含高质量蛋白质和多种必需氨基酸，为人体提供了优质的营养来源。岩鹰鸡鸡肉富含 Omega-3 脂肪酸、维生素 E、B 族维生素，以及钙、铁、锌等矿物质，这些营养成分对于维持人体正常生理功能至关重要。此外，岩鹰鸡鸡肉中的脂肪含量相对较低，且多为不饱和脂肪酸，有利于降低心血管疾病风险。

在口感方面，岩鹰鸡鸡肉肉质鲜美，烹饪后的鸡肉鲜嫩多汁，适合炖、煮、炒、烤，可满足不同人群的口味需求。

岩鹰鸡鸡肉

第二节　岩鹰鸡的生物学习性

一、抗逆性好

在生物学中，抗逆性通常是指生物体对不利环境条件的适应能力。岩鹰鸡的抗逆性主要体现在其适应性强、生存能力突出、对环境变化的快速响应等方面。这些特点使得岩鹰鸡成为一种适应性强、生存能力突出的家禽品种。

1. 岩鹰鸡具有极强的适应性

岩鹰鸡能够在各种恶劣的环境条件下生存，如高温、低温、潮湿、干旱等条件。无论是在高山峻岭，还是丘陵地带，岩鹰鸡都能生存，适应环境的能力极强。

2. 岩鹰鸡的生存能力非常突出

岩鹰鸡体质强健、感官敏锐，能够迅速发现并捕捉食物。此外，岩鹰鸡还具有较强大的免疫系统，能够抵抗多种疾病的侵害。这些特点使得岩鹰鸡在野外生存竞争中处于优势地位，从而表现出强大的生存能力。

3. 岩鹰鸡对环境变化的响应速度快

当环境发生变化时，岩鹰鸡能够迅速调整自己的行为和习性，以适应新的环境条件。这种快速的响应能力使得岩鹰鸡能够在多变的环境中生存下来，从而表现出强大的抗逆性。

二、抱窝性弱

抱窝性是禽类自然繁殖行为的一部分，对于雏禽的成长和发育至关重要。岩鹰鸡的抱窝性较弱主要与其生活习性和繁殖行为有关。一是，岩鹰鸡是一种典型的地栖禽类，它们大部分时间在地面上活动和觅食，这种生活习性使得岩鹰鸡在繁殖季节更倾向于选择开阔且易于观察的地方筑巢和产蛋。岩鹰鸡的巢通常位于地面上，而且比较简单，没有复杂的结构和隐蔽性。因此，与其他禽类相比，岩鹰鸡的抱窝时间较短。二是，岩鹰鸡通常采取"多产多育"的繁殖策略，即一次产下多枚蛋，致使其一次性孵化蛋较多，导致抱窝性较弱。

三、放牧觅食行为

岩鹰鸡的放牧觅食行为主要体现在其独特的觅食模式上。岩鹰鸡的放牧觅食行为体现出群体性和跟随放牧动物的独特习性。一是，岩鹰鸡在觅食时，会形成一定规模的群体，在地面上集体行进和觅食。这种群体行为不仅有助于提高觅食效率，还能增加个体的安全性。它们通常会在开阔的草地、农田或山坡上活动，利用敏锐的视觉和听觉来寻找食物。岩鹰鸡的食谱包括植物果实和种子、昆虫、小型爬行动物等，它们会用强有力的喙啄食地面上的食物。二是，在放牧觅食过程中，岩鹰鸡会跟随放牧的牛羊等牲畜，利用牲畜翻动土壤后露出的昆虫等食物资源。这种行为不仅提高了岩鹰鸡的觅食效率，也有助于牲畜的寄生虫控制。通过这种方式，岩鹰鸡能够在不直接与大型捕食者竞争的情况下，获取稳定的食物来源。岩鹰鸡在觅食过程中与其他动物的这种互动关系，体现了生物多样性和生态系统中物种间的相互依存关系。

另外，岩鹰鸡在放牧觅食过程中还展现出利用地形、季节性迁徙、保护领地等行为。它们会利用地形遮蔽来躲避天敌或减少能量消耗；在食物稀缺的季节，可能会进行季节性迁徙；在繁殖季节，领地意识会更加强烈，通过叫声和行为来警告其他同类不要侵犯其领地。

岩鹰鸡的放牧觅食行为是一种独特的适应策略。它不仅揭示了岩鹰鸡对环境变化的敏感性和适应性，也展现了与其他物种之间的微妙互动。这种行为是岩鹰鸡在漫长的进化过程中形成的生存策略，对于其生存和繁衍具有重要意义。

四、杂食性

岩鹰鸡的杂食性特征是其生存策略的核心部分，这种特征使它们能够在多样化的环境中灵活地获取食物。岩鹰鸡的食性广泛，既可采食包括植物性食物，也可捕食动物性食物。

在植物性食物方面，岩鹰鸡主要食用各种种子，包括草本植物、灌木和乔木的种子。它们还会食用小麦和玉米等农作物。此外，岩鹰鸡也会吃一些绿色植物的叶子和嫩芽。这些植物性食物为岩鹰鸡提供了必要的能量和营养，帮助它们保持健康的体重和体能。

在动物性食物方面，岩鹰鸡表现为典型的杂食性。它们捕食各种昆虫，如甲虫、蝴蝶和蜜蜂；它们还会吃小型爬行动物，如蜥蜴。这些动物性食物为岩鹰鸡提供了蛋白质、脂肪等营养，有助于它们在争斗和繁殖等高能量需求活动中保持体力。

岩鹰鸡的杂食性特征还体现在它们对食物选择的灵活性上。它们能够根据食物的可获得性和季节变化调整饮食结构。例如，在昆虫丰富的季节，岩鹰鸡会增加昆虫在饮食中的比例；在种子丰富的季节，它们会增加种子的摄入量。这种灵活性使得岩鹰鸡能够在食物资源有限的情况下生存下来。

总之，岩鹰鸡的杂食性特征是其适应各种环境生存和繁衍的关键因素之一。这种特征不仅增加了岩鹰鸡获取食物的机会，使它们能够在不同环境条件下生存，还帮助其维持健康的体态和体能，从而提高了其生存和繁殖的能力。同时，岩鹰鸡的杂食性特征也使其能够适应不同的食物来源和环境变化，从而在生态系统中发挥重要的作用。

五、群体生活

岩鹰鸡的群体生活特征是其社会行为的重要组成部分，这种特征对其生存和繁衍具有显著影响。岩鹰鸡通常会形成相对稳定的群体，群体的大小可以从几只到几十只不等，这种群体结构有助于它们觅食、防御捕食者、繁殖和学习新的行为，从而更有效地生存。

1. 觅食

在觅食方面，岩鹰鸡的群体生活有助于提高觅食效率。它们可以共享信息，如发现食物源的个体会发出特定的叫声，吸引其他成员前来共同觅食。这种合作行为减少了个体之间的竞争，使得整个群体能够更有效地利用食物资源。

2. 防御

群体生活还为岩鹰鸡提供了防御机制。在面对捕食者时，岩鹰鸡会通过集体行动来增加生存机会。它们会采取集体逃跑、发出警告叫声或通过集体攻击等方式来躲避或驱赶潜在的威胁。这种群体防御行为不仅能够有效地驱赶捕食者，还能降低个体受到攻击的风险。

3. 繁殖

岩鹰鸡的群体生活对其繁殖行为具有重要影响。在繁殖季节，岩鹰鸡会形成较为松散的繁殖群体，公鸡会通过展示自身和求偶行为来吸引母鸡。一旦形成配对，公母双方会共同建造巢穴并孵化蛋。在孵化期间，公母双方会轮流孵蛋，确保蛋的温度和湿度适宜。此外，群体中的其他成员有时也会帮助照顾后代，这种互助行为有助于提高雏鸡的成活率。

4. 学习新的行为

岩鹰鸡的群体生活还促进了信息交流和学习。在群体中，个体可以通过观察和模仿其他成员的行为来学习新的觅食技巧或应对环境变化。这种社会学习行为有助于岩鹰鸡快速适应新的环境条件，提高其生存能力。

总之，通过集体行动，岩鹰鸡能够更有效地觅食、防御捕食者、繁殖和学习新的行为。这种社会行为不仅增加了岩鹰鸡的生存机会，还促进了种群的稳定和扩张。

六、性情温驯，有飞翔能力

岩鹰鸡性情平和，不容易受到惊吓，对人类的接近反应温和，使得人们能够较容易地接近和观察它们。

岩鹰鸡温驯的性格易使其在群体中形成较为松散的社会结构，因此它们不太可能表现出攻击性，更容易促进群体内部的合作和信息共享。

岩鹰鸡温驯的性格也可能影响其繁殖行为和育雏策略。例如，温驯的父母可能更容易共同抚养后代，因为它们更容易在照顾雏鸡时协作，这种合作可能提高雏鸡的存活率，从而有利于种群的繁衍。

岩鹰鸡之所以擅长飞翔，与其生理结构和生活习性密不可分。一是，从生理结构上看，岩鹰鸡拥有强健的胸肌和轻盈的骨骼，这为它们提供了强大的飞行动力。它们的翅膀宽大且有力，适合在空中进行滑翔和快速飞行。此外，岩鹰鸡的尾巴也很长，可以帮助它们在飞行中保持稳定，改变方向。二是，从生活习性上讲，岩鹰鸡生活在高海拔地区，那里的地形复杂多变，飞行成为它们最主要的移动方式。它们通过飞行来寻找食物、逃避捕食者及迁徙。在高海拔地区，地面往往崎岖不平，步行困难，而飞行则可以帮助它轻松穿越这些障碍。同时，岩鹰鸡还通过飞行来寻找适宜的栖息地（如悬崖峭壁等高处，这些地方相对安全，可以躲避许多地面捕食者的威胁）。

第三节 岩鹰鸡的生产性能

一、生长发育性能

岩鹰鸡作为人类驯化的禽类，其生长发育性能是经过精心选育的结果，旨在满足人类对肉类、蛋类和娱乐的需求。接下来将探讨岩鹰鸡的生长发育性能及其影响因素。

岩鹰鸡的生长速度相对较快，特别是那些经过专门选育的肉用型品种，在良好的饲养条件下，可以在 6 周内达到 2～3 千克。这种快速的生长速度使得岩鹰鸡成为高效的肉类和蛋类生产动物。

岩鹰鸡的性成熟年龄也是衡量其生产性能的重要指标。岩鹰鸡蛋用型品种一般在 4～5 月龄达到性成熟，而肉用型品种则通常不用于繁殖。性成熟的标志是开始产蛋或表现出求偶行为。对于蛋用型品种而言，性成熟意味着开始进入产蛋期，这是农场经济收入的主要来源。

岩鹰鸡的寿命受到品种、饲养条件和用途的影响。肉用型品种的寿命相对较短，通常在生产周期 6～7 个月结束后被屠宰。蛋用型品种的寿命较长，可以达到 5～7 年，但随着年龄的增长，产蛋率会逐渐下降。因此，农场主需要定期更换产蛋鸡以保持高产蛋率。

在岩鹰鸡的繁殖行为方面，人类会通过人工授精或使鸡自然交配的方式进行控制。为了提高生产效率，农场通常采用人工授精方式来控制种鸡的遗传特性。这种方法有助于固定优良性状，提高后代的生产性能。

岩鹰鸡是杂食性动物，其饲料通常包括谷物（如玉米、小麦）、蛋白质原料（如豆粕、鱼粉）、绿色蔬菜和矿物质补充剂。良好的营养水平对于岩鹰鸡的生长发育至关重要。农场主需要根据岩鹰鸡的生长阶段和生产目的调整饲料配方，以确保其得到均衡的营养。

岩鹰鸡具有较好的适应能力，可以在多种环境条件下生存，但它们对温度变化敏感，尤其是雏鸡，需要适当的保温措施。在极端天气条件下，如高温或低温，鸡的生长发育性能可能会受到影响。因此，农场主需要为岩鹰鸡提供适宜的生活环境，如遮阳设施和加热设备，以确保鸡的舒适和健康。

岩鹰鸡的生长发育性能是通过长期的人工选育和优化饲养管理实现的。人工选育工作旨在提高岩鹰鸡的生产性能，如生长速度、产蛋率和抗病性。通过选择具有优良性状的个体进行繁殖，农场主可以培育出适应不同生产目的的岩鹰鸡品系。例如，一些品系被选育用于高产蛋，一些则被选育用于快速生长。持续的选育工作是提高岩鹰鸡生产性能的关键。优化饲养管理可以使岩鹰鸡的生长发育潜力达到最大化。

良好的饲养管理可以促进岩鹰鸡的健康成长，减少疾病的发生，从而提高生产效率。

岩鹰鸡不同品系公鸡

二、体重和体尺

体重：岩鹰鸡成年公鸡平均体重约为 2.87 千克，成年母鸡平均体重约为

2.2千克。岩鹰鸡在 7 月龄以上即可销售，此时体重可达 4.0～4.5 千克，一般 16 月龄体重可达 5.5 千克。

体尺：体尺测量指标包括体斜长、胸宽、胸深、龙骨长、胫长等。体斜长：公鸡约 25.9 厘米，母鸡约 24.3 厘米；胸宽：公鸡约 14.0 厘米，母鸡约 11.5 厘米；胸深：公鸡约 12.8 厘米，母鸡约 11.6 厘米；龙骨长：公鸡约 12.9 厘米，母鸡约 7.4 厘米；胫长：公鸡约 14.1 厘米，母鸡约 11.1 厘米。这些指标有助于评估岩鹰鸡的体型结构和比例。

三、肉用品质

岩鹰鸡鸡肉肉质细嫩，色泽纯正，风味浓郁，汤味鲜美。鸡肉中的游离氨基酸、肌肉脂肪和不饱和脂肪酸等营养物质含量较高，口感鲜美，为禽肉佳品。岩鹰鸡成年鸡净膛屠宰率均在 65％以上。岩鹰鸡鸡肉中水分含量为 73.53％，粗蛋白含量达到 22.0％，粗脂肪含量为 4.97％，灰分含量为 0.99％，胆固醇含量仅为每百克 55.8 毫克，明显低于其他鸡肉的胆固醇含量。

四、繁殖性能

岩鹰鸡的繁殖周期与普通家鸡相似，每年繁殖 2～3 次，每次产卵数 10～15 枚。岩鹰鸡的孵化期通常与普通家鸡也比较相似，大约为 21 天。孵化率通常为 90％以上。孵化期包括胚胎在蛋壳内的发育过程，以及最终破壳而出成为雏鸡的阶段。在孵化期间，需要保持适宜的温度和湿度，以确保胚胎能够正常发育。岩鹰鸡的抱窝性较弱，这意味着它们不太倾向于卧于蛋上孵化。岩鹰鸡的开产日龄较晚，通常 170～180 日龄。岩鹰鸡的产蛋周期较长，通常180～210 日龄达到盛产期，以夏、秋季节的产蛋性能较好。育成期的成活率可达 90％，产蛋期的成活率约为 78％。

五、蛋品质

岩鹰鸡通常在黄昏时分产蛋。岩鹰鸡的蛋呈长圆形或卵形，蛋壳颜色以浅褐色为主，少数为灰白色、深褐色或其他颜色，平均重量约为 50 克。

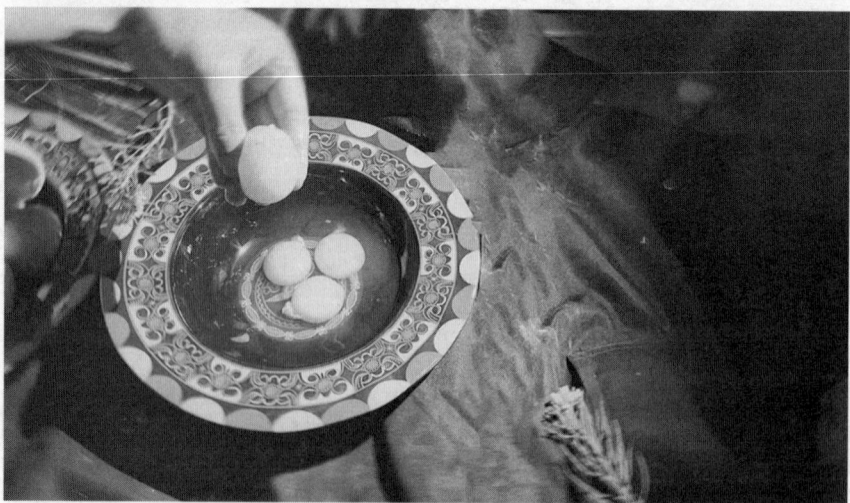

岩鹰鸡鸡蛋

01 第四章 岩鹰鸡养殖场建设与环境控制

第一节　养殖场的选择与空间设施设计

一、地理位置

岩鹰鸡养殖场地理位置的选择对于其养殖成功至关重要。理想的养殖场应位于温暖湿润的气候区，年均温度处于 15～25℃，这样的气候条件有利于岩鹰鸡的生长和繁殖。同时，应靠近天然水体，如湖泊、河流或水库，或者具备建设人工水池的条件，以确保岩鹰鸡能获得足够的饮水。此外，地势平坦或轻微倾斜的场地更有利于排水管理，周围丰富的植被则可以提供遮蔽处和食物来源。交通便利的场所可以确保饲料和产品的运输便利，同时符合当地环保法规和土地使用规定的场地有利于养殖场的长期稳定运营。最后，选址时还应考虑当地社区接受度和未来扩展的潜力，以确保养殖场能够适应未来的发展需求。

岩鹰鸡养殖场作为现代农业生产的重要组成部分，在追求经济效益的同时，也承担着保护环境、促进养殖业可持续发展的重要责任。近年来，随着环保意识的日益增强，岩鹰鸡养殖场在环境保护方面也开始采取一系列积极的措施，以实现经济效益与环境保护的双赢。

二、空间设施设计与建设

（一）鸡舍设计与建设

1. 总体设计

鸡舍采用密闭式设计，长为 80～90 米，宽为 15～18 米。在保持合理养殖密度的同时，应便于日常管理和维护。鸡舍采用装配式钢结构，不仅建设速度快，而且结构稳定，可适应各种气候条件。

2. 封闭与保温性能

鸡舍的封闭性对于保持舍内环境稳定至关重要。因此，在鸡舍的设计和施工过程中，需要特别注重墙体、屋顶及门窗的密封性能。

保温性能是鸡舍设计的另一个考量方面。根据当地实际气候条件，采用不同的保温材料（如双层墙体、保温层等）和技术，确保鸡舍在冬季能够保持适宜的温度，降低能源消耗。

（二）笼具设计

1. 笼具类型

笼具采用叠层式设计，一般以 3～5 层为宜。这种设计可以充分利用空间，提高养殖密度。同时，叠层式笼具也便于管理和清洁。

标准化立体养殖鸡舍（4 层笼养）

2. 材质与结构

笼具材质以镀锌防锈材料为宜，以确保笼具结构稳定、使用寿命长。笼具的结构设计应合理，能够承受岩鹰鸡的重量和活动产生的冲击力。

3. 布局与尺寸

每组笼具间应设置 0.9～1.5 米的过道，便于管理人员进行饲喂和清洁工作。单组笼具两列中间应设置 0.35～0.50 米的通风道，以确保鸡舍内部空气流通。一般，单个笼的宽度为 0.7～0.9 米，长度为 1.1～1.4 米，具体尺寸可根据养殖需求和岩鹰鸡的生长阶段进行调整。

4. 其他因素

笼具设计还需要考虑岩鹰鸡的采食、饮水和排泄等需求。因此，在笼具内部应配置合适的食槽、饮水器和集粪板等设备，以确保鸡只的舒适度和健康。

(三) 围栏建设

1. 围栏材料的选择

围栏材料的选择直接关系到围栏的耐用性和防护能力。常见的围栏材料有铁丝网、木材围栏和塑料网。铁丝网因其坚固耐用和防小动物入侵的能力强而被广泛使用。木材围栏虽然自然美观，但需要定期维护。塑料网轻便且易于安装，但耐久性较差，不适合长期使用。

养殖场采用铁丝网围栏（1）

养鸡场采用铁丝网围栏（2）

2. 围栏的尺寸和形状

围栏的尺寸和形状应根据鸡只的数量、品种、生长阶段来确定。每只鸡需要占用至少 4 米² 的空间。根据实际情况，可以选择圆形、方形或长方形的围栏形状。

3. 围栏的安装与维护

在安装围栏之前，需要先安装围栏支架。支架可以使用木材或金属材料制作，支架的数量和位置应根据围栏的形状和大小来确定。支架的高度应与围栏的高度相匹配，以确保围栏的稳固性。散养鸡鸡场的围栏在使用过程中会受到风雨和鸡只的磨损，因此需要定期进行清洁和修补，同时还要检查围栏的连接处是否松动，如有需要，应及时进行修复。定期检查围栏的状态，可以有效延长围栏的使用寿命。

4. 围栏设计注意事项

一是，对于铁丝网、塑料网而言，需要根据鸡场的实际情况来确定网格大小，既能防止小动物（如鼠等）的入侵，又可避免雏鸡或者鸡爪卡进网格内而受伤。二是，应根据鸡场的布局、外墙档口的位置，预留符合要求的暗挂固定孔位，并需要加固，避免围栏突然垮塌引起无法预测的损失。三是，围栏的高度也要适当，太低会影响围栏的使用效果，太高则难以固定和暗挂，影响管理和使用效果。四是，在雨水多的地方，应保证围栏的下沿埋入土壤或者有固定支撑设施，以便于排水，延长使用寿命。

第二节　鸡场布局

一、管理区

管理区通常包括行政管理室、员工居住室、会议室等，应位于上风向、交通方便的位置，以便与外界沟通。管理区应与生产区严格分开，防止疾病传播。在规划养鸡场管理区时，首先，需要明确其主要功能和作用，即作为养鸡场日常管理和员工生活的中心区域。其次，要考虑到养鸡场的整体布局和各区域之间的关系，合理规划管理区的位置和空间布局，确保其既能满足日常管理和员工生活的需求，又能与养鸡场的生产区、隔离区等其他区域相互协调、互不干扰。

在规划过程中，要注重功能区域的划分，根据养鸡场的实际情况和需求，合理设置管理区区域范围。同时，要考虑到交通流线的设计，确保人员和物资的顺畅流动，避免交叉污染。此外，还要重视安全防护措施的实施，包括设立围栏或围墙、安装监控摄像头和报警系统等，以提高管理区的安全防范能力。

在环境卫生管理方面，要制订清洁和消毒计划，定期对管理区进行清洁和消毒。应设立垃圾收集点，确保垃圾得到及时处理。在绿化美化方面，可以根据实际情况进行适当的绿化，提高工作环境的舒适度，同时也有利于改善员工的工作心情。

在规划养鸡场管理区时，还要考虑未来的发展和扩展需求，预留足够的空间和资源，为养鸡场的持续发展提供支持。

二、生产区

生产区是养鸡场的核心，包括育雏室、育成鸡鸡舍、饲料仓库、蛋库等。生产区的布局应考虑风向和地势，以减少疫病的发生。在养鸡场生产区的规划中，首先要考虑的是生产区的核心——鸡舍的布局。鸡舍应按照鸡只的生长阶段和品种特点进行分区，如育雏区、育成区和产蛋区等，每个区都应配备适宜的温度湿度控制系统、通风和光照系统，以满足鸡只的生理需求。鸡舍的设计应易于清洁和消毒，以降低疾病传播的风险。鸡舍的间距和朝向应考虑光照、通风和环境温度的影响，确保鸡只能够在舒适的环境中生长。此外，鸡舍之间应有隔离措施，如围墙或沙沟等。

除鸡舍外，生产区还应包括饲料储存和加工设施、粪便处理设施及必要的辅助设施。饲料储存和加工设施应能确保饲料的新鲜和安全，防止霉变和污染；粪便处理设施应采用环保的处理方式，如堆肥或厌氧消化，以减少对环境的污染。

生产区的规划还应考虑到未来的扩张可能性，预留足够的空间以便于扩大生产规模。同时，应确保生产区与管理区、隔离区等其他区域的合理分隔，以降低疾病传播和环境交叉污染的风险。

三、隔离区

隔离区是养鸡场的卫生和环境保护工作重点区域。隔离区的规划应遵循严格的生物安全原则，确保隔离区与生产区、管理区等其他区域之间有明确的界限或屏障，以防止疾病的传播和蔓延。

隔离区的选址应在养鸡场的下风向，且地势相对较低。同时，应确保隔离区与其他区域有足够的距离，一般不小于50米。

隔离区内应设置专门的病鸡隔离舍和死鸡处理场，以及必要的消毒设施。病鸡隔离舍应具备良好的通风和采光条件，便于对病鸡进行观察和治疗。死鸡处理场应符合环保要求，确保死鸡的妥善处理，防止病原体的传播。

隔离区的入口处和通道应设置专门的消毒区域，所有进出隔离区的人员和车辆都应经过严格的消毒。同时，应制定严格的管理制度，限制非相关人员进入隔离区，以降低疾病传播的风险。

在规划隔离区时，还应考虑到未来的发展需求，预留足够的空间以适应可能的扩建。同时，应定期对隔离区进行检查和维护，确保其设施的有效运作，为养鸡场的健康运营提供坚实的保障。

第三节　岩鹰鸡鸡舍主要设备的优化

一、鸡笼

根据鸡只的生长阶段和体型，选择合适的鸡笼尺寸。例如，产蛋笼用于141日龄至产蛋结束的鸡。笼舍的尺寸应允许鸡只有足够的活动空间，同时也要考虑鸡的饲养密度。

1. 育雏笼

尺寸：笼架脚高100～150毫米，单笼长700～1 000毫米，笼高300～400毫米，笼深400～500毫米。

网孔：底网孔径12.5毫米，侧网与顶网孔径25毫米。

笼门：笼门设在前面，笼门间隙可调节范围为20～35毫米，每个笼可容纳雏鸡30只左右。

总体宽度：1.6～1.7米。

岩鹰鸡1日龄雏鸡及育雏笼

2. 育成笼

尺寸：高度为 1.7~1.8 米，每个单笼长 800 毫米，高 400 毫米，深 420 毫米。

网孔：笼底网孔径 20~40 毫米，笼顶、侧、后网孔径为 25 毫米。

笼门：笼门宽 140~150 毫米，3~4 层重叠，每个单笼可容纳育成雏 7~15 只。

3. 产蛋笼

尺寸：每个单笼长 400 毫米，深 450 毫米，前高 450 毫米，后高 380 毫米，笼底倾斜度 7.5°。

网孔：底网孔经间距 22 毫米，纬间距 60 毫米，侧网孔径高 25~30 毫米，宽 40~50 毫米。

笼门：门宽 210~240 毫米，每个单笼可养 3~4 只鸡。

笼体总高：1.7 米。

二、通风和光照设备

鸡舍的通风和光照对于鸡的健康和生产性能至关重要。应设计合理的通风系统，以保持空气流通和温度适宜。同时，应提供足够的光照，模拟自然光照周期，促进鸡只的正常生理节律。

1. 通风设备设计原则

鸡舍高度：鸡舍高度应足够，以确保通风时热空气和废气能够有效排出，避免顶层鸡出现冷应激。

屋顶坡度：合理的屋顶坡度有助于气流顺畅流动，避免气流在未充分混合热空气前就降落到鸡舍顶部。

通风设备：合理布置通风设备，如进风窗和排气扇，以确保空气流通均匀，避免冷风直接吹向鸡。

2. 光照设备设计原则

（1）自然采光 尽可能地多利用屋顶和墙壁的窗户、天窗等引入自然光线。尽可能使用大面积的窗户，窗户占该墙面的比例不低于 20%。尽可能使用透光度达到 50%~70% 的屋顶材料，增加自然采光的面积。

（2）人工补光 在自然光照不足的情况下，应该选择使用人工光照设备，如 LED 灯。人工补光的光源离地面 1.8 米以上，光源与光源的距离相隔 1.5 米，光照强度保持在每平方米 10～20 勒克斯。

三、饮水与喂食设备

(一) 饮水与喂食设备高度设计

在养殖场中，喂食与饮水设备的高度设计对于鸡的健康成长十分重要。设备的高度需要根据鸡的不同生长阶段进行调整，以确保鸡能够轻松地获取食物和水源。另外，喂食设备的高度设计通常还要考虑鸡的体型和行为习惯。

1. 饮水设备

对于鸡来说，饮水器的高度应该允许它们在不过度伸展颈部的情况下自由饮水。一般来说，饮水器的高度应该与鸡的眼睛处于同一水平线上，或者略高一些，以便鸡能够舒适地饮水。

在鸡的养殖过程中，饮水器的位置对于鸡的饮水行为和健康状况有着直接的影响。根据鸡的眼睛高度来确定饮水器的位置是基于鸡的生理特征和行为习性。

首先，鸡是通过视觉来寻找水源的动物，它们会抬头望向高处寻找水源。因此，将饮水器的位置设置在鸡的视线水平线上，可以帮助鸡更容易地发现水源，从而促进它们的饮水行为。

其次，鸡的饮水器高度还需要随着鸡的生长阶段进行调整。在鸡的幼龄阶段，由于鸡的身高较矮，饮水器的高度应该设置得较低，以便鸡能够轻松地饮水。随着鸡的成长，饮水器的高度应该逐渐升高，以适应鸡的身高变化。

最后，合理的饮水器高度还有助于保持鸡舍的干燥和清洁。如果饮水器位置不当，可能会导致水溢出，湿透鸡舍的垫料，进而影响鸡的生活环境和健康状况。

2. 喂食设备

在养鸡过程中，调整喂食设备的高度是一个重要的环节，因为它直接关系到鸡的采食效率和饲料的浪费程度。一般，可根据鸡的生长阶段调整喂食设备的高度。

（1）雏鸡阶段　由于雏鸡身高较矮，因此喂食设备应该放置得较低，以便它们能够轻松地吃到食物。一般来说，料槽的底部应该与鸡背等高或者高出鸡背 2 厘米，这样可以确保鸡既能吃到饲料，又不会因挑食而将饲料刨到槽外。

（2）青年鸡阶段　随着青年鸡的成长，它们的身高会逐渐增高，因此需要逐步提高喂食设备的高度。这个阶段的调整应该是缓慢的，以避免鸡突然适应不了新的高度而影响采食。

岩鹰鸡青年鸡阶段

网上平养的岩鹰鸡青年鸡

（3）成年鸡阶段　成年鸡的身高已经相对稳定，此时应该根据鸡的实际身高来调整喂食设备的高度。如果鸡的身高超出了原有的料槽高度范围，那么应该更换更高的料槽，以确保鸡能够舒适地进食。

（二）使用与维护

在选择和使用这些设备时，养殖场需要考虑鸡的生长阶段、年龄、健康状况及养殖环境等因素，以确保设备能够满足鸡的实际需求，促进鸡的健康成长。同时，定期维护和检查这些设备也是非常必要的，以确保它们始终处于最佳工作状态。

四、地面材质的选择

（一）选择地面材质应考虑的关键点

1. 保温隔热性能

地面直接与土层接触，易传热并被水渗透，因此要求地面有较高的保温性能，坚实，不透水，易清扫、消毒。可以选择导热性小的材料，如矿渣、空心砖等，或者使用水泥地面，尽管水泥地面导热性较强，但便于管理和操作。

保温隔热性能

2. 环保性

现代养殖业越来越重视环保，因此选择的地面材料应尽量减少对环境的影响，如使用可回收或降解的材料。

3. 防潮抗渗

养殖场地面的主要污染物是排泄物，如果地面不抗渗，排泄物就很容易渗透到地面。因此，地面材料需要具备防潮抗渗的功能。

4. 易清洗

大型养殖场每天需要花费大量时间清洗地面，如果地面难以清洗，会增加工作量和难度。因此，地面材料应易于清洗和消毒。

5. 防滑

为了避免鸡滑倒受伤，地面材料应具有一定的防滑性能。

6. 耐用性

地面材料应具有较高的耐用性，能够承受鸡的体重和日常使用的磨损。

7. 成本效益

在满足上述所有要求的前提下，还需要考虑材料的成本效益，选择性价比高的材料。

（二）不同类型鸡场的地面材料选择

1. 小型家庭农场

对于小型家庭农场或后院养鸡，地面材料的选择可以相对简单且经济。通常可以使用泥土地面，因为它具有良好的自然排水性，并且成本较低。但是，泥土地面容易受到潮湿和细菌的影响，故需要定期清理和消毒。此外，可以考虑用锯末或稻壳作为垫料，它们可以提供柔软的表面，减少鸡爪部的损伤，并且具有一定的吸湿性。

彝族群众家庭后院圈养的 160 日龄岩鹰鸡（1）

彝族群众家庭后院圈养的 160 日龄岩鹰鸡（2）

彝族群众家庭后院圈养的 160 日龄岩鹰鸡（3）

2. 中型养鸡场

中型养鸡场通常需要更耐用、易于清洁的地面材料。混凝土地面是一个不错的选择，因为它坚固耐用，易于清洗和消毒，而且可以承受较大的重量。缺点是表面比较硬，可能会对鸡爪部造成不适，特别是在长时间站立的情况下。为了缓解这个问题，可以在混凝土表面铺设橡胶垫或塑料网格，以增加地面的柔软度。

3. 大型养鸡场

对于大型养鸡场，地面材料的选择应该更加注重耐用性和清洁效率。金属网格地面是大型养鸡场的普遍选择。它具有极好的通风性和排水性，有助于保持地面干燥，减少疾病的发生。此外，金属网格地面便于粪便的清理，可以通过机械方式快速收集。金属网格地面的缺点是成本较高，并且在恶劣天气条件下可能会生锈。

无论选择哪种地面材料，都需要确保其符合当地的卫生和动物福利标准。总之，根据鸡场的规模选择合适的地面材料，需要综合考虑多种因素，以确保鸡的健康和养鸡场的经济效益。

第四节　岩鹰鸡鸡舍环境控制技术的应用

一、温度管理

在养鸡业中，鸡舍的温度管理是确保鸡健康生长和高产的关键因素之一。鸡舍内的温度直接影响到鸡的生理机能、行为表现和生产性能。因此，对鸡舍温度的精确控制和管理至关重要。

温度对鸡的生理机能有显著影响。适宜的温度可以促进鸡只的新陈代谢、生长发育和产蛋性能。如果温度过高或过低，都会对鸡只的生理机能造成不良影响。高温会导致鸡只的呼吸加快、饮水量增加，甚至出现热应激反应，影响其生长和产蛋性能；低温则会导致鸡只的体温下降、免疫力降低、容易感染疾病。

除了对岩鹰鸡生理机能的影响外，温度还与鸡舍的能源消耗和经济效益有关。在冬季或寒冷地区，为了维持鸡舍的温度，往往需要消耗更多的能源，如燃料、电力等，这不仅会增加养殖成本，还可能对环境造成污染。因此，在温度管理上，需要寻找既能满足鸡只生长需求，又能降低能源消耗的平衡点。

为了实现有效的温度管理，养鸡场通常采用以下措施：

（1）安装温度调控设备　如安装暖气、空调等，根据鸡舍内的实际温度情况进行自动或手动调控。

（2）合理设计鸡舍结构　通过合理的鸡舍设计和材料选择，提高鸡舍的保温性能，减少热量的流失。

（3）利用自然能源　如太阳能、风能等可再生能源，为鸡舍提供清洁的能源供应。

（4）建立监测系统　实时监测鸡舍内的温度参数，及时调整管理措施。

二、湿度控制

在养鸡业中，鸡舍的湿度管理是确保鸡群健康生长和提高生产效率的重要环节。适宜的湿度水平对于岩鹰鸡的生理机能、免疫系统、呼吸系统、蛋壳质量及鸡舍都有着直接的影响。接下来将探讨鸡舍湿度管理的重要性、影响因素及有效的湿度管理措施。

1. 鸡舍湿度管理的重要性

（1）适宜的湿度环境对于鸡的生理机能有重要影响　高湿度会导致鸡只呼吸困难，增加呼吸道疾病的风险；低湿度则可能导致鸡只失水，影响其生理功能。长期处于不适宜的湿度环境中，鸡只的生长发育会受阻，甚至可能引发严重的健康问题。

（2）湿度水平直接影响鸡只的生产性能　适宜的湿度有助于鸡只维持正常的生理代谢，提高饲料转化率和产蛋率。同时，良好的湿度环境也有助于减少鸡只的应激反应，降低疾病发生率，从而提高整体的生产效率。

（3）蛋壳的形成与湿度密切相关　过高或过低的湿度都会影响蛋壳的强度和质量，从而影响鸡蛋的市场价值。在高湿度环境下，蛋壳容易变薄，易于破损；在低湿度环境下，蛋壳则可能变得脆弱，易于破裂。因此，控制适宜的湿度水平对于生产高质量的鸡蛋至关重要。

（4）湿度影响鸡舍的环境条件　过高的湿度会导致鸡舍内潮湿、滋生病原体（如细菌、病毒、真菌、寄生虫等），增加疾病的传播风险。同时，潮湿的环境也会加速设备的腐蚀和损坏，增加维修和更换的成本。因此，有效的湿度管理对于维护鸡舍环境和设备的完好性具有重要意义。

2. 影响鸡舍湿度的因素

（1）室内水源　鸡舍内的饮水设施和清洁操作会产生大量的水蒸气，是影响湿度的主要因素。

（2）通风系统　通风系统的设计和运行状况直接影响鸡舍内空气的湿度和空气流通情况。

（3）外部环境　气候条件、季节变化及降雨等自然因素都会影响鸡舍内的湿度水平。

（4）鸡的代谢活动　鸡只呼吸、排泄等生理活动产生的水分也会影响鸡舍的湿度。

3. 有效的湿度管理措施

（1）安装湿度传感器　实时监控鸡舍内的湿度水平，为调整管理措施提供数据支持。

（2）合理设计通风系统　通过调节通风口的大小和位置，以及使用排风扇等设备，控制空气流通，维持鸡舍适宜的湿度水平。

（3）控制室内水源　优化饮水设施的设计，减少水汽的蒸发；定期清理鸡舍，减少积水等湿度来源。

（4）使用除湿设备　在湿度过高时，可以使用除湿机或干燥剂等清除多余的水分。

（5）调整饲养密度　合理控制鸡的饲养密度，避免因过度拥挤导致的湿度升高。

（6）优化饲料配方　提供营养均衡的饲料，减少鸡排泄物的水分含量。

4. 实施建议

（1）制订详细的管理计划　根据鸡的生长阶段和季节变化，制订相应的湿度管理计划。

（2）培训员工　确保员工了解湿度管理的重要性和具体管理措施，提高管理水平。

（3）持续监测和调整　定期检查湿度传感器的有效性与准确性，根据监测结果及时调整通风和除湿措施。

（4）评估效果并持续改进　通过观察鸡的健康状况和生产性能，评估湿度管理措施的效果，并根据实际情况进行调整和优化。

三、光照调节

1. 自然采光

利用屋顶和墙壁的窗户、天窗等引入自然光线，确保鸡舍内光线均匀柔和。避免直射光，以免造成不适或伤害。

2. 人工补光

在自然光照不足的情况下，应使用人工光源进行补充，以满足鸡只的光照需求。

3. 光照时间

根据鸡只的生长阶段和生产需求，调整光照时间，如肉用型仔鸡早期可采用连续光照，后期则转为间歇光照。光照时间的长短，也可以根据市场产品需求来进行调整，需要快速增重时可延迟光照1～2小时。

（1）育雏期　光照时间应保持每天22～24小时，或14～21日龄后随着鸡长大，每天逐渐减少1小时，到达每天16小时恒定，以促进鸡的生长发育和性成熟。

（2）育成期　光照时间应逐渐减短，一般控制在每天8～12小时。

（3）产蛋期　光照时间应逐渐增加，从21周龄开始，光照时长需要逐渐增加，每周增加0.5～1小时，直至达到16～17小时的稳定光照时长，以促进鸡的产蛋。

4. 光照颜色

以暖白、暖黄光为宜，灯光的色温值范围为2 724.85～3 227.85 ℃K。

附　肉用种鸡育成期光照调节

对于肉用种鸡，在育成期控制光照非常重要，因为它直接关系到鸡的生长发育和性成熟的早迟。在开放式鸡舍，可以根据当地的日照时间来决定是否需要人工补光。在密闭式鸡舍，建议每昼夜光照8小时，从育成期结束后逐渐过渡到产蛋期的光照制度。

调整光照时间时，应逐渐进行，不可突然改变光照条件，以免造成鸡的应激反应。同时，光照强度也应适当，以保证鸡能够清晰地看到饲槽和饮水器，并便于饲养人员操作。

四、粪便等废弃物的处理

在养鸡业中，鸡舍粪便等废弃物的处理是一个重要的环境问题。这些废弃物虽然含有大量对植物有益的有机物和营养物质（如氮、磷等），但也可能携带病原体，对环境和人类健康构成威胁。因此，找到有效的处理方式对于保护环境和资源再利用非常重要。

1. 堆肥化

堆肥化又称堆肥处理，是一种常见的鸡舍粪便处理方法。它利用微生物的分解作用，将可降解的有机废物转化为稳定的有机肥料。在堆肥化过程中，温度的控制是关键，因为高温可以杀死病原体和杂草种子。此外，堆肥化还可以减少臭味和挥发性有机物的排放。但是，堆肥化需要足够的时间和空间，且在堆肥化过程中可能会产生甲烷等温室气体。

2. 厌氧消化

厌氧消化是另一种处理鸡舍粪便的方法。它利用微生物在无氧条件下分解有机物，产生沼气（主要成分是甲烷和二氧化碳）。沼气可以作为能源使用，减少化石燃料的使用。厌氧消化可以有效地减少温室气体的排放，但其技术要求较高，且对温度和 pH 的控制较为严格。

3. 生物滤床处理技术

生物滤床处理技术是通过微生物在滤床材料上的生长，去除废气中的恶臭和污染物。这种方法对于减少粪便等废弃物的异味和污染物排放效果显著。然而，生物滤床需要较大的空间，且对滤床材料的选择和维护有一定要求。

4. 化学处理

化学处理包括使用化学药剂如石灰、硫酸铜等对鸡舍粪便进行消毒和稳定化。这种方法可以迅速杀灭病原体，但可能会产生有毒的化学残留物，对环境造成二次污染。

5. 综合利用

除了上述单一的处理方法外，综合利用是一种更为环保的处理方式。通过结合物理、化学和生物方法，实现鸡舍粪便的减量化、资源化和无害化。例如，将堆肥化与厌氧消化相结合，先通过厌氧消化产生沼气，再将残余物进行堆肥化。

第五章 岩鹰鸡保种与选育

第一节 保种的意义和措施

一、保种的重要性和必要性

随着人类活动的不断扩张和自然环境的变迁，岩鹰鸡的生存状况正面临着前所未有的挑战。因此，岩鹰鸡的保种工作显得尤为重要和紧迫。

岩鹰鸡的保种工作不仅能够保护这一物种免受绝灭的命运，还能为未来的家禽育种提供宝贵的遗传资源。这对于维护生物多样性、促进农业可持续发展具有重要意义。

岩鹰鸡的保种工作对于保护生态环境也具有积极的影响。最初，岩鹰鸡作为一种野生禽类，在自然生态系统中扮演着重要的角色。它们通过捕食害虫等行为，助力维持生态平衡。

此外，岩鹰鸡的保种工作还具有重要的文化和经济价值。在一些地方，岩鹰鸡被视为吉祥、尊贵的象征，具有独特的文化内涵。同时，随着人们对健康饮食的追求不断提高，岩鹰鸡鸡肉因其高蛋白、低脂肪的特点，逐渐成为市场上的宠儿。因此，岩鹰鸡的保种工作不仅有助于传承和弘扬地方文化，还能为当地经济发展带来新的增长点。

二、保种的具体措施

（一）遗传特性保护

岩鹰鸡的遗传特性保护是一项系统工程，需要综合运用多种措施。首先，建立详细的遗传档案，为后续的保护工作提供信息支持；其次，保护岩鹰鸡的自然栖息地，为岩鹰鸡提供安全的生活环境；再次，实施人工繁育计划，增加岩鹰鸡种群数量，保持岩鹰鸡的遗传多样性，同时，定期对岩鹰鸡的遗传多样性进行监测，为制订科学合理的保护措施提供依据；最后，加强宣传教育，提高公众对岩鹰鸡保护的认识和重视程度，形成全社会共同参与的保护氛围。通过这些综合措施，我们可以有效地保护岩鹰鸡的遗传特性，为其未来的生存和繁衍奠定坚实的基础。

1. 建立详细的遗传档案

建立详细的遗传档案是保护岩鹰鸡遗传特性的基础，通过记录岩鹰鸡的基因型、表型特征，以及其在不同环境下的适应性等数据，为后续的保护工作提供重要的信息支持。

2. 栖息地保护

加强对岩鹰鸡栖息地的保护是首要任务。应制定科学合理的保护区规划，设立自然保护区或生态保护区，限制人类活动，以减少对栖息地的破坏，并通过植树造林、湿地保护等手段恢复和重建受损的栖息地，为岩鹰鸡提供安全稳定的生活环境。这些保护区不仅可为岩鹰鸡提供安全的栖息地，还有助于保护其生存所需的食物来源和繁殖场所。

3. 人工繁育计划

实施人工繁育计划是增加岩鹰鸡种群数量的有效手段。通过科学的选育，结合人工授精、胚胎移植等技术，可以提高繁殖效率，同时保持和增强岩鹰鸡的遗传多样性。在繁育中心，我们对岩鹰鸡进行科学管理和疾病控制，以确保其健康成长。这些繁育措施不仅有助于增加岩鹰鸡的种群数量，还为未来的野化放归提供了基础。

4. 遗传监测

遗传监测是岩鹰鸡保种工作中不可或缺的一环。定期对岩鹰鸡种群进行基因分型和遗传分析，实时监控岩鹰鸡的遗传健康状况，及时发现并解决可能出现的遗传问题，如近亲繁殖导致的遗传缺陷。遗传监测还可以帮助我们了解种群的遗传结构，为未来的保护工作提供科学依据。

5. 教育宣传

在提高公众意识方面，通过广泛的教育宣传活动，向当地居民普及岩鹰鸡的保护价值和意义，激发他们对保护工作的热情和参与度，从而形成全社会共同保护岩鹰鸡的强大力量。

（二）避免杂交

为有效避免岩鹰鸡与其他鸡种发生杂交，保护其纯正的遗传血统，可采取以下措施。

1. 封闭隔离

利用地理空间，选择岩鹰鸡原栖息地以外的区域进行人工饲养，或者在其周边设置明确的隔离带，这样既限制了其他鸡种的进入，又为岩鹰鸡提供了一个相对封闭的生存环境。

2. 调控繁殖周期

根据岩鹰鸡的自然繁殖周期，有意识地调整其他鸡种的繁殖活动，确保在岩鹰鸡的关键繁殖期内，其他鸡种处于繁殖非活跃状态，从而降低了意外杂交的可能性。

3. 人工授精

通过人工授精技术，可实现在控制条件下完成岩鹰鸡的受精过程，避免了雄鸡与雌鸡之间的直接接触，从而从根本上杜绝了杂交的发生。

4. 选择性繁殖

选择性繁殖是另一项重要的保种策略。对岩鹰鸡种群进行遗传分析，识别出具有优良性状的个体，并将它们作为繁殖的优先对象。严格遵循遗传学原则，只挑选那些符合岩鹰鸡纯种特征的个体进行配对繁殖，确保每一代岩鹰鸡都保持其原有的遗传信息。

5. 遗传监测

定期对岩鹰鸡种群进行遗传监测，利用现代分子生物学技术（如 DNA 分析等），实时追踪和评估种群的遗传构成，一旦发现有杂交迹象，立即采取措施予以纠正。

6. 完善法律法规

积极倡导并推动相关法律法规的完善与实施，为岩鹰鸡的保护提供坚实的法律支撑，对任何可能破坏岩鹰鸡纯种的行为进行严格监管和惩处，以此维护岩鹰鸡种群的纯合度和稳定性。

综上所述，通过这些多维度、深层次的综合措施，我们不仅可以尽最大可能地避免岩鹰鸡与其他鸡种的杂交问题，而且可为岩鹰鸡的持续保护和未来发展奠定坚实的基础。

（三）建立种质资源库

岩鹰鸡种质资源库中通常包含岩鹰鸡的精子、卵子、胚胎、组织样本等遗传材料，这些材料被妥善保存，以便于未来的研究和繁殖工作。

种质资源库的建立对于岩鹰鸡的保护至关重要。一方面，它为岩鹰鸡的遗传多样性提供了一个安全的"避风港"。在自然环境中，岩鹰鸡可能面临着栖息地丧失、气候变化、疾病和被捕食等多重威胁，这些因素都可能导致其遗传多样性的减少。种质资源库通过收集和保存岩鹰鸡的遗传材料，确保了即使在野外种群数量急剧下降的情况下，也能够保留其遗传信息，为未来的种群恢复和保护工作提供了基础。另一方面，种质资源库可为岩鹰鸡的科学研究提供宝贵资源。通过对种质资源库中保存的遗传材料进行分析，研究人员可以深入了解岩鹰鸡的遗传学、生态学和行为学等方面的知识。例如，通过对岩鹰鸡基因组的测序，研究人员可以发现与特定性状相关的基因变异，这对于了解岩鹰鸡的适应性和进化历史具有重要意义。此外，种质资源库还可以支持岩鹰鸡的人工授精和选择性繁殖计划，通过选择具有优良性状的个体进行繁殖，可以改良种群的遗传质量，提高其生存能力。

1. 方案设计

设计合适的收集和保存方案，以确保遗传材料的质量和完整性。这包括选择合适的保存方法（如液氮冷冻）和容器（如冻存管），开发有效的样本标记和追踪系统等。

2. 建立数据管理系统

建立严格的数据管理系统，记录每个样本的详细信息，包括采集地点、日期、个体识别信息及任何相关的遗传数据。

3. 定期维护存储设施

定期对存储设施进行维护，确保温度和湿度等环境条件符合样本保存的要求。

4. 建立管理和运营机制

为了确保种质资源库的长期可持续性，应建立相应的管理和运营机制。这包括制定合理的使用政策，确保资源的公平分配和合理利用；建立资金筹措机制，以支持种质资源库的日常运营和未来发展；培养专业的技术人员，负责种质资源库的日常管理和维护工作。

岩鹰鸡种质资源库是保护其遗传资源的重要工具。通过科学的管理和技术的创新，可以确保岩鹰鸡的遗传多样性得到有效保护，为其未来的生存和繁衍提供坚实的基础。同时，种质资源库也将成为岩鹰鸡科学研究的宝贵资源，推动我们对这一物种的研究和保护工作的进步。

第二节　岩鹰鸡专门化品系选育

一、选育目标和方向

岩鹰鸡的选育目标主要集中在提高其生产性能，包括生长速度、产蛋性能和屠宰性能。通过连续五代的系统选育，岩鹰鸡的生产性能可显著提高。例如，五世代公鸡的生长速度较原始群体显著加快，成年体重也有显著增加。此外，岩鹰鸡的屠宰性能也有所提高，适宜的屠宰日龄为 120 日龄以后。

岩鹰鸡的选育方向包括建立基础群、选择合适的选育方法、进行新品系生产性能的测定与比较、生态养殖模式的选择等。生态养殖模式的选择尤为重要，因为它直接关系到岩鹰鸡的生存环境和生产效率。不同海拔带的岩鹰鸡生态养殖试验结果显示，生态养殖模式与传统养殖模式相比，生态养殖模式能够更好地提高岩鹰鸡的生产性能。

据报道，凉山彝族自治州农业科学研究院完成了四川省科技计划重点研发项目"凉山岩鹰鸡种质特性调查与研究"的屠宰性能及肉质测定工作，这项工作共开展了 213 只凉山岩鹰鸡的屠宰性能测定，包括胸肌、腿肌、腹脂等 28 项指标，发现在适宜的饲养条件下，12 周龄公鸡的屠宰率可达 85％左右，全净膛率约为 70％；母鸡的屠宰率约为 83％，全净膛率约为 68％；21 周龄公鸡屠宰率为 86.64％，半净膛率为 81.30％，全净膛率为 68.45％；母鸡屠宰率为 83.70％，半净膛率为 78.25％，全净膛率为 65.65％。在胸肌率、腿肌率指标中，公鸡略大于母鸡，但差异不显著（$P > 0.05$）；公鸡的腹脂率极显著地小于母鸡（$P < 0.01$）。鸡肉水分 73.53％，肌肉中粗蛋白含量达 22.0％，粗脂肪含量达 4.97％，灰分含量达 0.99％，胆固醇含量为每百克 55.8 毫克，富含 17 种氨基酸，腿长达到 17 厘米（明显高于一般鸡种），其肉质细嫩、味道鲜美，深受消费者喜爱。

岩鹰鸡公鸡的"长腿"特性

岩鹰鸡的"长腿"

测定岩鹰鸡鸡肉品质

二、选育方法

（一）建立岩鹰鸡基础群的关键步骤和考虑因素

在岩鹰鸡选育过程中，建立一个健康、遗传多样性丰富的基础群是成功选育的前提。

1. 明确选育目标

明确选育目标是建立基础群的首要任务。选育目标可能包括提高岩鹰鸡的产蛋率、改善肉质品质、增强抗病性等。目标的设定应基于市场、生态环境及岩鹰鸡的生物学特性需求。

2. 选择种源

在确定了选育目标后，接下来是选择具有良好遗传背景和代表性的种源。这一步是建立基础群的基石。种源的选择应考虑地理分布、种群大小和遗传结构。通过广泛收集不同地区的岩鹰鸡种源，可以增加基础群的遗传多样性，为后续的选育工作提供更广阔的遗传基础。

3. 确定基础群规模

基础群的规模也是一个重要的考虑因素。一个理想的基础群应该足够大，以容纳足够的遗传变异，但又不能过大，以免管理困难。一般来说，基础群的规模应在几百到几千只之间。

4. 遗传评估

遗传评估是建立基础群的关键步骤。通过对候选个体进行表型记录和基因型分析，评估其遗传潜力和适应性。表型记录包括体重、体形、羽毛颜色等可观察的特征，基因型分析则涉及对个体基因组的测序，以及识别与特定性状相关的基因变异。这些信息将帮助研究者选择表现最佳的个体组成基础群。

5. 健康检查

健康检查是确保基础群质量的重要环节。所有入选的个体都应经过严格的健康检查，以排除患有传染病或遗传疾病的个体。这不仅有助于维护群体的健康，还可以防止疾病在群体中传播。

6. 选择与淘汰

选择与淘汰是建立基础群的持续过程。在初期建立基础群后，应定期进行评估，选择表现优秀的个体进行繁殖，同时淘汰那些表现不佳或健康状况较差的个体。这有助于维持基础群的活力和遗传质量。

7. 建立详细的记录系统

建立详细的记录系统对于基础群的管理至关重要。记录内容应包括每个个体的来源、表型、基因型、繁殖历史等信息。这些记录不仅有助于跟踪个体的遗传变化，还可以为未来的研究和选育工作提供宝贵的数据。

8. 定期监测评估

建立基础群后，应定期进行监测，评估其遗传结构和健康状况。这有助于及时发现并解决可能出现的问题，确保基础群的长期稳定。通过监测，可以评估选育策略的效果，并根据需要进行调整。

总之，建立岩鹰鸡基础群是一个复杂的过程，涉及多个步骤和考虑因素。通过明确选育目标、选择种源、确定基础群规模、进行遗传评估、健康检查、选择与淘汰、建立详细的记录系统、定期监测，可以建立一个健康、遗传多样性丰富的岩鹰鸡基础群，为后续的选育工作奠定坚实的基础。

（二）岩鹰鸡特定目标性状选育的关键步骤

岩鹰鸡的生长速度和体重变化的优化通常通过选择性育种来实现。通过对岩鹰鸡的遗传特性进行分析，并根据所需的特征选择具有这些特性的个体进行繁殖。以下是一些关键步骤：

1. 性状评估

在岩鹰鸡的选育过程中，性状评估是决定选育方向和效率的关键环节。首先，研究人员会对岩鹰鸡的生长速度和体重变化进行详细的记录。这包括定期测量鸡的体重，以及跟踪它们的生长曲线。随后，建立一套科学的评分体系，对岩鹰鸡的目标性状进行量化评估，这不仅包括直接测量的生理数据，如体重、产蛋率等，也包括通过观察获取的行为数据，如觅食行为、社交互动等。

数据的收集是评估的基础，需要定期且持续地进行，以确保数据的准确性和代表性。这一过程中，应尽可能地控制环境因素的干扰，或者在数据分析时将其考虑在内，以确保评估结果的可靠性。同时，利用现代分子生物学技术，对岩鹰鸡的遗传背景进行深入分析，识别与目标性状相关的遗传标记，这对于了解岩鹰鸡的遗传机制和指导选育工作具有重要意义。

此外，性状评估不是一次性的，而是一个动态的过程，随着选育工作的推进和环境条件的变化，可能需要对评估标准和方法进行调整。因此，建立一个灵活且高效的监测机制，定期回顾和更新评估结果，对于确保选育工作的持续改进和成功至关重要。

2. 遗传标记分析

利用现代遗传学技术，如 DNA 测序和基因芯片技术，研究人员可以识别与生长速度和体重变化相关的遗传标记。这些标记可以帮助厘清哪些基因影响这些性状。在岩鹰鸡的选育过程中，遗传标记分析发挥着重要的作用。首先，通过采集岩鹰鸡的生物样本，如血液或羽毛，并利用先进的分子生物学技术提取高质量的 DNA，为后续的分子分析奠定基础。其次，研究人员会选择与岩鹰鸡目标性状相关的遗传标记，如微卫星和单核苷酸多态性（SNP）标记，并通过聚合酶链反应（PCR）技术对这些标记进行大量复制。最后，利用电泳技术对 PCR 产物进行分离，根据大小差异对 DNA 片段进行分型，并通过毛细管电泳技术对 SNP 标记进行更高分辨率的分型。

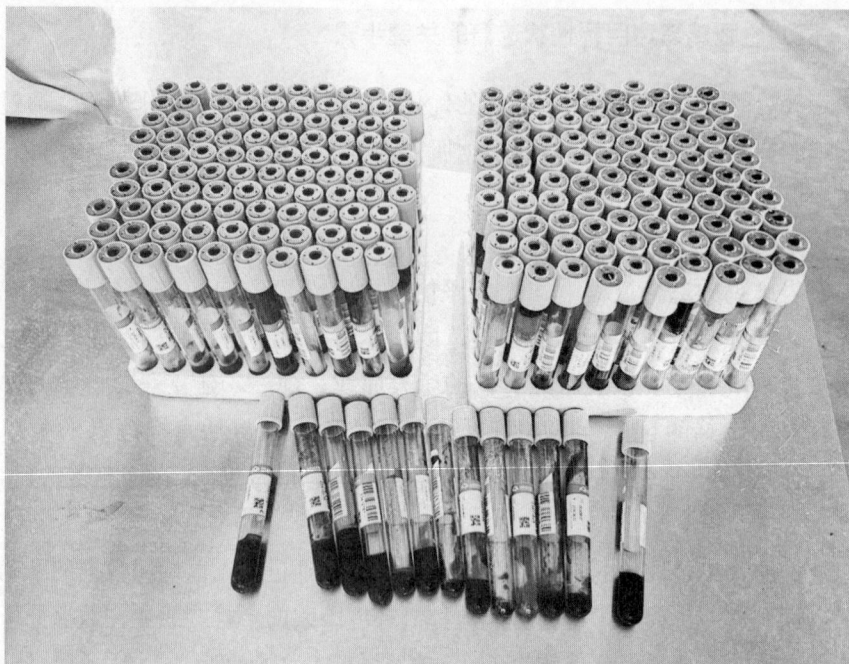

采集岩鹰鸡的血液样本

在数据解读方面，研究人员通常会分析基因型频率分布，寻找与岩鹰鸡目标性状相关的遗传模式，并通过统计软件进行关联分析，以确定哪些遗传标记与目标性状显著相关。此外，结合表型数据，研究人员可以探究基因型与岩鹰鸡表型之间的关系，并利用定量性状位点（QTL）分析来定位与性状相关的遗传区域。同时，通过计算群体的遗传多样性指数，如预期杂合度（He）和多态信息含量（PIC），评估岩鹰鸡群体的遗传健康状况。

遗传标记分析的结果不仅有助于理解岩鹰鸡的遗传背景，还可以直接应用于选育实践。选择具有优良基因型的个体进行繁殖，可以加速优良性状的传递，从而提高岩鹰鸡的生产性能。此外，这些信息还可以帮助制定更有效的选育策略，以实现岩鹰鸡种群的可持续发展。

总之，岩鹰鸡遗传标记分析是选育过程中的关键工具，可以帮助我们更好地了解岩鹰鸡的遗传背景，为选育工作提供科学依据，并为岩鹰鸡的保护和可持续利用做出贡献。

3. 选择压力

基于性状评估和遗传标记分析的结果，研究人员会选择那些表现出快速生长和理想体重变化的岩鹰鸡作为父母代，这样可以增加这些有利性状在后代中的频率。在岩鹰鸡的选育过程中，给予适当的选择压力是确有必要的。这一过程始于明确的选育目标，如提高产蛋率、改善肉质等，这些目标将指导整个选育工作的方向。为了实现这些目标，研究人员需要设定一系列可量化的评价标准，如产蛋率、肉质评分等，这些标准将成为选择个体的依据。

在实际操作中，研究人员会对候选个体进行详细的记录，包括其表型数据（如体重、体型、行为特征等）和遗传信息（如通过遗传标记分析获得的基因型数据）。这些数据将被用来评估个体是否符合选育标准，并为选择决策提供科学依据。

基于收集的数据，研究人员会选择那些表现最佳的个体用于繁殖，这一过程称为选择。选择的标准包括高产蛋率、高肉质评分等。通过人工授精或控制交配，确保选定的个体能够成功繁殖，从而将优良性状遗传给后代。

在繁殖过程中，对于那些不符合选育标准的个体，可能会选择不让它们参与繁殖，或者在必要时进行淘汰。这样可以避免不利性状在群体中扩散，确保优良性状的传递。

随着每一代的繁殖，需要重新评估个体的表现，并根据最新的数据和信息进行下一轮的选择。通过不断的迭代，可以逐步优化群体的遗传构成，达到预期的选育目标。

在整个选育过程中，需要定期监测群体的表现和遗传多样性。如果发现某些性状的表现不如预期，或者遗传多样性下降到影响群体健康的程度，可能需要调整选择策略，如改变评价标准或引入新的遗传变异。

值得注意的是，过度的选择压力可能会导致遗传多样性的丧失，从而降低群体的适应能力和生存能力。因此，在实施选择压力的同时，应保持对群体遗传健康的关注，并采取适当的措施来维护其遗传多样性。

总之，采用适宜的选择压力策略，可以有效地引导岩鹰鸡群体的遗传变异向有利于人类利益的方向发展，同时保持群体的遗传多样性和适应能力。

4. 杂交策略

为了目标性状的最大化传递，研究人员可能会采用特定的杂交策略，如亲缘选择或复合杂交。这些策略旨在结合不同亲本的优点，选育更优秀的后代。

第三节 岩鹰鸡配套系选育

一、培育配套系的意义

在选育岩鹰鸡的过程中，培育配套系具有重要的意义。培育配套系是指为了实现特定的育种目标，将不同品种、品系或个体进行组合，以发挥各自的优势，弥补不足，达到综合效益最大化的一种育种策略。

（1）创建具有高产蛋率和快速生长特性的岩鹰鸡配套系 选择生产性能优秀的个体进行杂交，其后代通常表现出比亲本更好的生产性能，如更高的产蛋率和更快的生长速度。

（2）创建抗病力强的岩鹰鸡配套系 选择具有较强抗病能力的个体进行杂交，可以提高岩鹰鸡对疾病的抵抗力。这有助于减少因疾病导致的损失，降低治疗成本，提高养殖效益。

（3）创建肉质优良的岩鹰鸡配套系 选择具有优良肉质特性的个体进行杂交，可以改善岩鹰鸡的肉质，满足消费者对高品质食品的需求。这不仅可以提升产品的市场竞争力，还能增加养殖户的收入。

（4）创建适应性强的岩鹰鸡配套系 选择具有良好适应性的个体进行杂交，可以培育出能够适应不同环境条件的岩鹰鸡品种。这种适应性强的品种能够在更广泛的地理区域内生存和繁衍，降低了养殖风险。

（5）创建种质资源多样性的岩鹰鸡配套系 根据每个地区市场的喜好，有针对性地选择杂交不同的个体，可以增加岩鹰鸡的遗传多样性，减少近亲繁殖导致的遗传缺陷。这有助于维持种群的健康和稳定，为未来的选育工作提供更多的选择机会。

培育配套系在岩鹰鸡选育过程中扮演着至关重要的角色。它不仅有助于提高生产效率和经济效益，还能增强岩鹰鸡的抗病性和适应性，促进遗传多样性的维护，同时推动相关科学研究和技术的发展。

二、配套系选育方法

在岩鹰鸡的选育过程中，配套系选育方法是一种重要的策略，它通过科学的方法将不同品种或品系的优点结合起来，以提高生产效率、增强抗病性、改善肉质等。这种方法的实施需要遵循一定的步骤和原则，以确保选育的成功和后代的优良性状得以稳固。

1. 深入了解遗传背景和表型特征

首先，对岩鹰鸡的遗传背景和表型特征进行深入的了解。对不同品种或品系的生长速度、产蛋率、抗病性、肉质等性状进行评估。此外，还需要考虑这些性状在不同环境条件下的表现，如气候、饲养管理条件等。通过全面的评估，可以确定哪些品种或品系具有潜在的优势，可以作为选育的对象。

2. 选择具有互补优势的品种或品系杂交

选择具有互补优势的品种或品系进行杂交。这意味着选择那些在目标性状上表现优秀，而在其他性状上表现相对较差的品种进行杂交。通过这种方式，后代岩鹰鸡可继承来自不同亲本的优良性状，从而在综合性状上有所提升。

3. 严格选择后代

在杂交后，育种者会对后代进行严格的选择。这包括对后代的生长速度、产蛋率、抗病性、肉质等性状进行评估。只有那些表现出优异性状的个体才会被保留下来，用于后续的繁殖。通过连续多代的选择，可以逐渐固定目标优良性状，形成新的品系。

4. 关注后代遗传稳定性

在选育过程中，育种者还应密切关注后代的遗传稳定性。这包括对后代的遗传标记进行分析，以确保所选育的性状是由特定的基因控制的，而不是由环境因素引起的临时变化。此外，还需要注意避免近亲繁殖，以防止有害基因的累积和遗传缺陷的出现。

5. 考虑市场需求和消费者偏好

这包括对不同品种或品系的市场接受度进行调查，以及研究消费者对肉质、颜色等性状的偏好。通过这些信息，育种者可以确定哪些性状是市场上最受欢迎的，从而指导选育工作的方向。

岩鹰鸡的配套系选育方法是一个复杂的过程，需要综合考虑岩鹰鸡遗传背景、表型特征、市场需求等多个因素。通过科学的方法和严格的选择，培育出具有优良性状的岩鹰鸡品种，为养鸡业的发展提供支持。

06 第六章 岩鹰鸡繁殖与孵化技术

第一节 岩鹰鸡的繁殖与孵化特性

一、繁殖特性

(一)繁殖周期

岩鹰鸡作为一种珍贵的家禽资源,其繁殖特性对于其产业的发展和种群的维护起着重要作用。岩鹰鸡的繁殖周期相对较长,一般一年内可以繁殖2~3次,这为养殖户提供了更多的生产机会。同时,岩鹰鸡的性成熟年龄较早,4~5月龄就能达到性成熟。

岩鹰鸡的发情期通常从春季开始,随着季节的变化,发情期会持续到秋季。在人工饲养条件下,通过控制光照和温度等环境因素,可以调节岩鹰鸡的发情周期,实现全年繁殖。这种灵活性为养殖户提供了更大的操作空间,使其能够根据市场需求和气候条件灵活安排繁殖计划。

岩鹰鸡的求偶行为较为复杂,有鸣叫、展示羽毛等多种方式。雄鸡会通过这些行为来吸引雌鸡的注意,而雌鸡会根据这些信号来选择合适的配偶,这种自然选择机制在一定程度上保证了岩鹰鸡种群的遗传多样性。

(二)影响因素

岩鹰鸡的繁殖受多种因素的影响,如环境因素、营养状况和遗传因素等。

1. 环境因素

(1)温度 温度对岩鹰鸡的繁殖活动起着关键作用。通常,岩鹰鸡繁殖活动的适宜温度范围为25~28℃。过高或过低的温度都会影响其正常生理机能，进而影响其繁殖能力。因此，养殖户需要为岩鹰鸡提供一个稳定的温度环境。

（2）湿度　湿度是影响岩鹰鸡繁殖的重要环境因素。适宜的湿度（55%左右）有助于维持岩鹰鸡的皮肤和呼吸道健康，而过度干燥或潮湿的环境都可能对其繁殖造成不利影响。因此，养殖户需要密切关注湿度变化，并采取相应的措施来维持适宜的湿度水平。

（3）光照　光照对岩鹰鸡的繁殖周期和发情行为具有显著影响。适宜的光照时间（每天 8~14 小时）可以促进岩鹰鸡的发情和排卵，而光照不足或过长都可能导致繁殖周期紊乱。因此，养殖户需要根据岩鹰鸡的生理需求，合理设置光照时间，以确保其能够顺利进行繁殖活动。

（4）通风条件　良好的通风条件有助于维持养殖场良好的卫生水平和减少疾病的发生，而通风不良可能导致空气中有害气体浓度升高，对岩鹰鸡的健康和繁殖造成负面影响。因此，养殖户需要确保养殖场有良好的通风设施，并保持空气新鲜。

（5）噪声水平　噪声水平是影响岩鹰鸡繁殖的环境因素之一。通常，适宜的噪声范围为 40~50 分贝。过大的噪声可能导致岩鹰鸡紧张、不安，影响其正常的繁殖行为。因此，养殖户需要尽量减少噪声的干扰，为岩鹰鸡创造一个安静、舒适的繁殖环境。

（6）季节变化　季节变化对岩鹰鸡的繁殖也有一定的影响。春末夏初是岩鹰鸡的主要繁殖季节，此时气温适宜、食物丰富，有利于岩鹰鸡的繁殖活动。而在其他季节，由于环境条件的变化，岩鹰鸡的繁殖活动可能会受到一定的限制。因此，养殖户需要根据季节变化来调整繁殖计划，以确保岩鹰鸡能够在最佳时机进行繁殖活动。

（7）环境污染　环境污染会对岩鹰鸡的繁殖造成负面影响。例如，空气中的有害物质、水源的污染等都可能对岩鹰鸡的健康和繁殖造成威胁。因此，养殖户需要采取相应的措施来减少环境污染对岩鹰鸡繁殖的影响。

总之，岩鹰鸡的繁殖成功率受到多种环境因素的影响。为了确保岩鹰鸡能够顺利进行繁殖活动并取得较高的繁殖成功率，养殖户需要密切关注环境变化并采取相应的措施来优化环境条件。通过提供适宜的温度、湿度、光照、通风条件，减少噪声干扰，以及避免环境污染等措施，为岩鹰鸡创造一个良好的繁殖环境，从而提高其繁殖成功率并促进岩鹰鸡产业的可持续发展。

2. 营养状况

营养状况对岩鹰鸡的繁殖同样重要，充足且均衡的营养供给可提高卵子质量和受精率。

3. 遗传因素

遗传因素决定了岩鹰鸡的繁殖潜力，可通过选育和改良优良的遗传性状提高岩鹰鸡的繁殖性能。

综上所述，岩鹰鸡的繁殖特性是其产业发展的基础，环境、营养和遗传等因素则共同决定了其繁殖效率。通过科学的管理和技术的应用，可以有效地提高岩鹰鸡的繁殖效率，为养殖户创造更大的经济效益，同时也有助于保护和发展这一珍贵的家禽资源。

二、孵化特性

（一）孵化周期

岩鹰鸡的孵化周期相对较短，一般为 28～30 天。这个周期受多种因素的影响，包括温度、湿度、通风等环境条件，以及种蛋的品质等。在适宜的环境条件下，岩鹰鸡的孵化周期相对稳定。如果环境条件不佳或者种蛋质量较差，孵化周期可能会延长。

（二）影响因素

1. 温度

温度是影响岩鹰鸡孵化的最重要因素之一。适宜的温度（37～39℃）对于胚胎的发育至关重要。如果温度过低，胚胎的发育会受到抑制，甚至可能导致胚胎死亡；反之，如果温度升高，胚胎的发育可能会加速，但过高的温度也可能导致死亡。因此，在孵化过程中，保持适宜的温度是确保岩鹰鸡成功孵化的关键。

2. 湿度

湿度也是影响岩鹰鸡孵化的重要因素。适宜的湿度（相对湿度 55％～67％）对于胚胎的呼吸和水分平衡至关重要。如果湿度过低，胚胎可能会因为缺水而死亡；反之，如果湿度过高，胚胎可能会因为呼吸困难而窒息。因此，在孵化过程中，保持适宜的湿度也是确保岩鹰鸡成功孵化的重要措施。

3. 通风条件

良好的通风条件可以确保胚胎获得足够的氧气，同时排除多余的二氧化碳和其他有害气体。如果通风条件不佳，胚胎可能会因为缺氧而死亡。因此，在孵化过程中，保持良好的通风条件（通风量保持在 $0.005 \sim 0.01$ 米^3）是确保岩鹰鸡成功孵化的重要措施。

4. 种蛋品质

一般，优质的种蛋具有较高的受精率和孵化率。在选择种蛋时，应选择外观完好、无裂纹、无斑点的种蛋，以确保其具有较高的孵化潜力。

此外，采用人工授精技术可提高受精率；采用先进的孵化设备来模拟自然环境，可为胚胎提供更加稳定和适宜的孵化环境，进而提升孵化效果。

总之，通过深入了解和研究岩鹰鸡的孵化特性，可为产业的发展和种群的维护提供有力的支持。未来，随着科学技术的不断进步和应用，有望进一步优化岩鹰鸡的孵化技术和管理措施，为岩鹰鸡产业的可持续发展做出更大的贡献。

第二节　自然配种

一、种鸡的选留

在家禽产业中，种鸡的选留是一项至关重要的工作，它直接关系到下一代雏鸡的质量和生产性能。下文将探讨种鸡选留的原则、方法及其对家禽产业中的意义，以期为相关从业者提供有益的参考。

（一）种鸡选留的原则

1. 确保后代的遗传品质

种鸡选留的首要原则是确保后代的遗传品质。优良的遗传品质是提高雏鸡生产性能的基础。因此，在选留种鸡时，应优先考虑那些遗传背景良好、生产性能优异的个体。这通常需要对种鸡的血统、基因型及表型特征进行详细的记录和分析，以确保选出的种鸡具有优良的遗传特性。

2. 考虑生产性能

种鸡选留需要考虑其生产性能。这包括种鸡的产蛋率、孵化率、母性等。这些性状直接影响雏鸡的生产效率和经济效益。因此，在选留种鸡时，应选择那些在生产性能方面表现出色的个体。这通常可以通过对种鸡的长期观察和记录来实现。

3. 考虑适应性

种鸡选留还需要考虑其适应性。不同地区的环境条件可能存在差异，因此，在选留种鸡时，应考虑种鸡是否能够适应当地的气候、饲料和管理条件。适应性强的种鸡能够更好地生存和更高效地繁殖，从而提高生产效率和经济效益。

（二）种鸡选留的方法

种鸡选留的方法主要包括表型选择、基因型选择和综合选择。表型选择是指根据岩鹰鸡的外在表现（如体型、羽毛颜色）来选择种鸡。对于地方品种，基本都会根据羽毛颜色选择外观外貌趋于一致的种鸡。

基因型选择是指基于对种鸡基因型的了解，选择具有优良基因型的种鸡。例如，dw 基因是矮脚基因，通过对种鸡的所有后代，在刚刚出壳的时候进行基因扫描，发现 dw 隐形基因纯合子的种鸡，进行淘汰，其他种鸡保留。该选择方法的成本较高。综合选择是指将表型选择和基因型选择相结合，以获得更优的选留效果。在实际操作中，该选择方法需要有一定专业水平的人员、花费大量的精力和时间（通常5年，甚至更长），同时需要较大的经费（上亿元）支持才有比较好的效果。

美姑岩鹰鸡基因身份证检测试剂盒

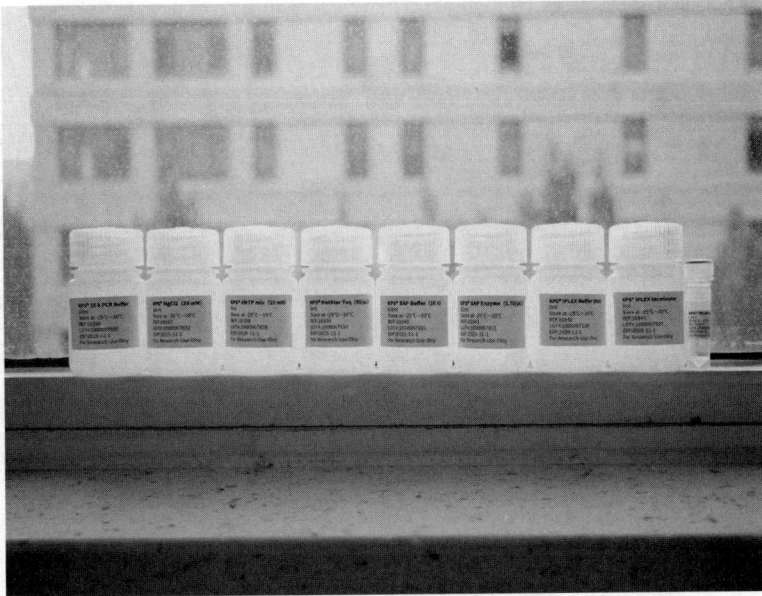

美姑岩鹰鸡基因身份证检测试剂

（三）种鸡选留的意义

种鸡选留在家禽产业中具有重要的意义。一是，它可以提高雏鸡的质量和生产性能，从而增加养殖场（户）的收入。二是，它可以优化家禽种群结构，提高产业的整体竞争力。三是，它还可以推动家禽产业的可持续发展，为未来的生产提供保障。

二、自然配种技术

自然配种作为一种传统的繁殖方式，在现代家禽养殖业中发挥着重要作用。这种方式依赖于公鸡和母鸡之间的自然交配行为来完成受精过程。自然配种的优势在于其天然性和低成本。在自然配种体系中，公鸡和母鸡按照自然的生物钟和行为习性进行交配，无须额外的人工干预。这种方式降低了劳动力和设备的投入，对于小规模农场和家庭农场来说，是一种经济实用的繁殖方式。此外，自然配种有助于保持种群的遗传多样性，因为它允许所有健康的公鸡参与繁殖，而不是像人工授精那样仅使用少数选定的种公鸡。

岩鹰鸡繁育场中的"本交笼"

尽管自然配种具有上述优势，但在现代家禽养殖业的规模化生产中，其局限性也逐渐凸显。一是，自然配种的受精率受多种因素影响，如公鸡的质量、母鸡的接受行为、环境条件等，这些因素难以精确控制，从而导致受精率波动较大。二是，在高密度饲养环境中，公鸡之间的竞争可能加剧，影响其配种能力和健康状态。三是，自然配种难以实现严格的种鸡选育计划，因为无法精确控制每只母鸡与哪只公鸡交配，这限制了遗传改良的进程。面对这些挑战，现代家禽养殖业在保留自然配种优势的同时，也尝试引入人工授精技术来弥补自然配种的不足。

综上所述，自然配种技术在现代家禽养殖业中仍具有一定的应用空间，尤其是在小规模农场和家庭农场中。然而，随着家禽养殖业的不断发展，对繁殖效率和遗传改良的要求越来越高，自然配种技术需要与人工授精等现代繁殖技术相结合，以适应未来家禽养殖业的发展需求。

第三节　人工授精

一、采精技术

种鸡采精技术是影响岩鹰鸡繁殖效率和遗传改良速度的重要因素之一。采精技术的发展不仅改变了传统的繁殖模式，而且对种鸡的健康、福利以及最终的生产效益产生了深远影响。下文将探讨种鸡采精技术的重要性、采精方法、面临的挑战及采精效果的影响因素。

（一）采精技术的重要性

采精技术的重要性在于它能够显著提高受精率和种鸡的利用率。通过科学的采精方法，利用优秀种公鸡获取大量高质量的精子，用于人工授精，从而确保更多母鸡得到受精。这不仅可提高繁殖效率，而且能使优质种公鸡的遗传材料能够更广泛地传播。此外，采精技术还有助于控制疾病传播，因为可以在采精前对公鸡进行健康检查，只选择健康无病的公鸡进行采精。

（二）采精方法

采精方法主要分为手动采精和机械采精两种。手动采精是一种传统方法，通过人工刺激公鸡达到性兴奋状态，收集其精液。这种方法操作简单，但效率低下，且对公鸡的压力较大。机械采精则利用特制的采精器自动完成采精过程，这种方法可以在较短时间内收集大量精液，大大提高了采精效率。机械采精对公鸡的生理和心理状态要求较高，需要适当的训练和管理。

（三）采精实际应用中的挑战

在现代家禽养殖业中，种鸡采精技术的应用对于提高繁殖效率和遗传改良速度具有重要意义。然而，在实际操作过程中，采精技术面临着多种挑战。这些挑战不仅影响了采精效率，还可能对公鸡的健康造成负面影响。首先，采精过程可能对公鸡造成压力和伤害，特别是在不熟悉环境或操作不当的情况下。因此，需要制订合理的采精计划和操作规程，以确保公鸡的福利。其次，精液保存和运输也是一大挑战，需要特定的温度和湿度条件来保持精子的活力。

此外，采精技术的普及和应用需要有一定经过培训的人员作为支撑，这对于许多小规模农场来说可能有一定难度。

展望未来，种鸡采精技术的发展将更加注重提高精子的质量和采精效率，同时降低对公鸡的压力。随着信息技术的发展，智能化采精系统有望实现远程监控和自动化管理，进一步提高采精工作的准确性和效率。

(四) 采精效果的影响因素

1. 种公鸡的选择和健康管理

种公鸡的选择和健康管理是影响采精效果的重要因素。在采精前，需要对种公鸡进行选择，以确保其遗传品质。另外，种公鸡的健康状况也直接影响采精结果，因此需要对公鸡进行定期的健康检查和管理，以确保其处于最佳的繁殖状态。

2. 精子质量

精子质量对于确保采精效果至关重要。例如，如果采精器材未经适当的清洗和消毒，可能会导致精液被细菌或其他污染物污染，这不仅会影响精子的质量，还可能增加疾病传播的风险。此外，采精后的精液需要在特定的温度和湿度条件下保存，以保持精子的活力。然而，由于保存条件不当，如温度过高或过低，或湿度不适宜，精子的活力可能会迅速下降，从而影响受精率。

3. 环境控制

采精过程对环境条件有一定要求，如温度、湿度、通风、光照条件等。不合适的环境条件可能会影响公鸡的性表现和采精效果。因此，在进行采精操作时，需要注意控制环境条件，为种公鸡创造一个适宜的繁殖环境。

4. 采精操作

采精操作需要一定的技巧和经验，对于新手来说，掌握正确的采精手法可能比较困难。不正确的操作可能会导致公鸡受伤或采精失败。因此，对于从事采精工作的人员来说，需要经过专业的培训和指导，以提高采精技术水平。

5. 应激反应

公鸡的应激反应也是采精过程中需要关注的问题。采精过程可能会给公鸡带来压力，导致其出现应激反应，如减少食物摄入、体重下降等。长期的应激状态还可能影响公鸡的生殖系统，降低其繁殖能力。因此，在采精过程中，需要采取适当的措施来减轻公鸡的压力，如提供舒适的环境和适当的训练等。

二、精液品质的检测

种鸡精液品质的检测是确保高效繁殖和遗传改良的基础。高质量的精液是成功受精和生产健康后代的前提，而精液品质的检测是这一过程中不可或缺的一环。下文将详细探讨种鸡精液品质检测的重要性、检测指标、检测方法及其在家禽业中的应用。

（一）精液品质检测的重要性

种鸡精液品质的检测对于评估公鸡的繁殖能力非常重要。通过检测精子的数量、活力、形态和运动能力等参数，可以全面了解公鸡的生殖健康状况。高质量的精液意味着精子数量充足、活力旺盛、形态正常，这直接关系到受精率和孵化率。因此，定期对公鸡进行精液品质检测，可以帮助养殖者及时发现和解决潜在的繁殖问题，确保种公鸡的繁殖效率和种鸡群体的遗传质量。

（二）精液品质检测指标

精液品质检测通常包括精子浓度、精子活力、精子运动能力和精子形态等指标。精子浓度是指单位体积精液中精子的数量，是评估精液质量的基本指标之一。精子活力则是指精子的生命活性，通常通过染色法或显微镜观察来评估。精子运动能力是指精子游动的能力，这直接关系到精子能否到达并进入母鸡的输卵管进行受精。精子形态是指精子的外观特征，如头部、颈部和尾部的形状和大小等。

（三）检测方法

手工计数法是最早的精液品质检测方法之一，它通过显微镜和特殊的计数室来直接观察和计算精子的数量。这种方法虽然操作简单，但劳动强度大，且容易受到人为误差的影响，因此，在实际应用中逐渐被自动化设备计数法所取代。

自动化精子计数器的出现极大地提高了精液品质检测的效率和精度。这些设备通常配备有图像处理系统，能够快速准确地统计精子数量。它不仅减少了人为误差，还提高了工作效率，使得大规模的精液检测成为可能。

除精子数量之外，精子活力也是评估精液质量的重要指标。通过染色法，如伊文斯蓝染色法，可以区分死精子和活精子。此外，利用计算机辅助精子分析（CASA）系统可以进一步评估精子的活力和运动能力，提供关于精子运动状态的详细信息。

精子形态学评估同样重要，一般通过显微镜观察精子的头部、颈部和尾部的形状。正常的精子形态对于受精过程至关重要，而异常精子可能会影响受精率。此外，生物化学测试可以检测精液中的某些生物化学成分，如蛋白质、酶和代谢产物，这些成分的变化可以反映精子功能和精液质量的变化。

近年来，一些先进的检测技术，如流式细胞术和荧光原位杂交（FISH）等技术被用于检测精子表面抗原和染色体的完整性。这些技术为研究精子与卵子的相互作用和受精机制提供了更精准和客观的信息。流式细胞术可以快速分析大量细胞，包括精子，而 FISH 则可以用来检测精子染色体的异常，这对于评估精子的遗传健康状况非常重要。

总之，种鸡精液品质的检测是一个多维度的过程，涉及精子数量、活力、运动能力、形态和遗传健康等多个方面。随着科技的不断进步，我们期待未来会有更多先进的检测方法应用于种鸡精液品质的评估，为岩鹰鸡的高效繁殖和遗传改良提供更准确、更全面的技术支持。

（四）精液品质检测在家禽养殖业中的应用

种鸡精液品质检测在家禽养殖业中的应用广泛。在种鸡选育中，通过对候选公鸡进行精液品质检测，可以选择具有优良遗传特性和高繁殖能力的公鸡进行繁殖。在人工授精实践中，精液品质检测可以确保使用的精液符合高标准，从而提高受精率和孵化率。此外，精液品质检测还可以作为评估公鸡健康状态和生活环境的指标，帮助养殖者优化饲养管理条件，提高整体繁殖效益。

三、输精技术

在现代家禽养殖业中，种鸡输精技术作为一种高效的人工授精方法，已经得到了广泛的应用。它通过将选定的公鸡精液人工输送给母鸡，实现了对母鸡的人工授精，提高了受精率和孵化率。

（一）种鸡输精技术的应用流程

种鸡输精技术的核心在于对公鸡精液的采集和处理。首先，通过人工刺激公鸡达到性兴奋状态，使其排出精液。然后，迅速将精液收集并转移到专用的输精器具中。在这个过程中，需要严格控制环境温度、湿度和卫生条件，以确保精液的质量。

将采集到的精液经过初步筛选和处理后，根据需要进行稀释和保存。稀释液的选择和配比（一般稀释 100 倍以上）对于维持精液质量有重要影响。采用科学的稀释和保存方法，可以延长精液的保存时间，方便在不同时间和地点进行人工授精。

在输精过程中，操作人员需要将稀释后的精液通过输精枪或输精管准确地输送到母鸡的生殖道内。这一步骤需要高度的技术熟练度和精细的操作技巧，以确保精液能够顺利进入母鸡体内并与卵子结合。

（二）种鸡输精技术的应用意义

种鸡输精技术的应用不仅可提高受精率和孵化率，还有助于遗传改良和疾病控制。通过选择优秀的公鸡进行人工授精，可以实现对母鸡的遗传控制，提高后代的生产性能。同时，由于避免了公鸡与母鸡的直接接触，减少了疾病的传播风险。此外，种鸡输精技术还为家禽育种的进一步发展提供了更多的可能性，如胚胎移植、体外受精等。

第四节　种蛋孵化

一、种蛋的管理

岩鹰鸡种蛋的管理涉及种蛋的来源、收集、选择、消毒和储存等，管理要点如下：

（一）种蛋的来源

选择符合种用标准及品种标准的种鸡，确保种鸡饲料营养全面，健康状况良好、公母比例适当、在使用年限范围内。在采集种蛋前，应对种鸡群进行疾

73

病检测，特别是对于鸡白痢等能垂直传播的疾病，应重点检测，确保种蛋的质量。

（二）种蛋的收集

在岩鹰鸡的养殖过程中，种蛋的收集是一个至关重要的步骤，它不仅直接关系到孵化率，而且对最终产出的鸡苗质量有着决定性的影响。为了确保种蛋的质量和孵化潜力，养殖户需要采取一系列科学有效的收集和管理措施。

养殖户根据岩鹰鸡的生理特性来确定收集种蛋的最佳时机。岩鹰鸡通常在清晨和傍晚较为活跃，产蛋率较高，因此，这两个时间段是进行种蛋收集的关键时间。通过定时收集，最大限度地减少种蛋在鸡舍内长时间滚落而破损的风险，同时可有效地防止种蛋受到鸡粪等污染物的污染。

在收集种蛋时，必须保持操作的清洁卫生。为了避免种蛋表面的细菌污染，养殖户应避免使用水直接洗涤种蛋。取而代之的是，使用柔软干净的布轻轻擦拭种蛋表面的污垢，这样既能保持种蛋的清洁，又能防止水分对蛋壳造成损害。

一般，每天收集种蛋 4～5 次，每次捡蛋数量不应超过当日产蛋量的30％。捡蛋前要对蛋盘、蛋筛等工具进行消毒，饲养人员的双手也应清洗并消毒。捡蛋时动作要轻，减少对母鸡造成的应激。

（三）种蛋的选择

对种蛋进行严格的挑选是保证孵化率和雏鸡质量的重要工作。要根据种蛋的新鲜度、蛋重、外观等方面进行挑选。种蛋以产出后 3～5 天入孵最佳，蛋重一般要求为 50～65 克，且同批次均匀度应达到 85％以上。蛋壳表面应清洁光亮，无裂纹。

区分岩鹰鸡的受精蛋和未受精蛋可以通过以下几种方法：

1. 观察蛋壳颜色

受精蛋由于在母鸡体内经历了一段时间的发育，其蛋壳颜色往往会显得较为暗淡。未受精蛋因为缺乏这种自然变化，其蛋壳颜色相对较亮，呈现出更加鲜亮的外观。

2. 检查胚盘

在受精蛋中，胚盘的位置通常较为明显，且颜色较深，呈现出白色或淡黄色。使用照蛋灯可以帮助养殖者更清晰地观察胚盘的情况。在照蛋灯的照射下，受精蛋会显示出不透光的黑色斑点，而未受精蛋没有这样的特征。

3. 听声音

通过轻轻摇晃鸡蛋，根据发出的声音来区分受精蛋和未受精蛋。未受精蛋因为内部没有胚胎发育，所以几乎不会发出任何声音。受精蛋在孵化过程中会产生微弱的声音，这是由于胚胎的发育活动导致的。

4. 观察蛋黄

在受精蛋的蛋黄上，常常可以看到细线状的结构，这是胚胎发育的早期迹象。这些细线状结构连接着蛋黄和蛋壳，是胚胎发育过程中营养传输的通道。未受精蛋没有这样的结构。

5. 照蛋法

入孵后的第 5～6 天，使用照蛋灯对蛋进行检查，可以辨别出未受精蛋。未受精蛋在照蛋灯下呈现出透明状态，而活胚蛋则有明显的不透光区域，其中包含正在发育的胚胎和血管网络。通过观察胚胎的形态和发育程度，可以进一步确认蛋的受精状态。

6. 观察蛋壳表面

未受精蛋通常具有粗糙的蛋壳表面，这种表面看起来像是覆盖了一层细小的颗粒，类似于亚麻布的质感。受精蛋的蛋壳表面则相对光滑，手感细腻。

（四）种蛋的消毒

对种蛋进行消毒，可防止蛋壳表面微生物大量繁殖后进入壳内。种蛋最好能进行 2 次消毒，第 1 次在种蛋入蛋库前进行，第 2 次在放入孵化机后、入孵前 12～24 小时进行。

消毒方法如下：

1. 福尔马林熏蒸消毒法

这是一种常用的消毒方法，通过在密闭空间中使用福尔马林和高锰酸钾进行熏蒸，有效杀灭蛋壳上的病原体。通常每立方米空间使用 42 毫升福尔马林和 21 克高锰酸钾，在温度 25～27 ℃、相对湿度 75%～80% 的条件下熏蒸 20 分钟，可以使蛋壳表面细菌减少 95%～99.5%。

2. 福尔马林溶液浸泡法

将种蛋置于 1.5% 的福尔马林溶液中，浸泡 2～3 分钟后取出，沥干入孵。

3. 高锰酸钾溶液浸泡法

将种蛋浸泡在温度为 40 ℃左右、浓度 0.02％的高锰酸钾溶液中 1～2 分钟，然后取出沥干入孵。

4. 碘溶液浸泡法

将种蛋放入 0.1％浓度的碘溶液中浸泡 1 分钟。一般浸泡 10 次后，应延长浸泡时间或更换碘液。

5. 新洁尔灭浸泡消毒法

使用浓度 5％的新洁尔灭原液加 50 倍 40～50℃水，配成 1∶1 000 的新洁尔灭水溶液，水温 43～50 ℃，将种蛋浸泡 3 分钟。

6. 紫外线消毒法

使用紫外线灯照射种蛋表面，可有效杀灭细菌和病毒。

7. 臭氧发生器消毒法

使用臭氧发生器产生的臭氧进行消毒。臭氧具有很强的氧化性，可以杀灭多种微生物。

> **注意：** 使用的消毒剂应无色、无味、无毒、无残留、无腐蚀性、无刺激性，对人体无害。确保消毒环境的温度和湿度适宜，以保证消毒效果。消毒后的种蛋应在干燥、通风良好的环境中存放，以防止再次被污染。在孵化前和孵化过程中，应定期检查种蛋的卫生状况，及时发现并处理受污染的种蛋。通过上述措施，可以有效地确保岩鹰鸡种蛋的卫生安全，提高孵化率和雏鸡的健康水平。

（五）种蛋的储存

在种蛋消毒后，应尽快将其运到种蛋库保存。保存条件为温度 13～18 ℃，相对湿度 75％～80％。种蛋保存时间越短越好，一般以不超过产后 7 天为宜，3～5 天孵化效果最好。种蛋保存期最长不应超过 2 周。如果保存条件较差，保存方法不当，即使是品质优良的种蛋，也难以取得良好的孵化效果。

在储存过程中，应使用专门设计的蛋托或蛋架，确保种蛋免受挤压或振动的影响。同时，对种蛋进行分类存放，将合格的种蛋与次品分开，有助于防止交叉污染，保证孵化过程的纯净性。

如果种蛋需要保存时间较长，可将种蛋装在不透气的塑料袋内，填充氮气，密封后放在蛋箱内，这样可以使种蛋保存期延长至 3～4 周，孵化率仍可达到 75%～78%。需要注意的是，随着保存时间的过度延长，种蛋的孵化率会显著降低。因此，在可能的情况下，种蛋越早入孵越好。此外，保存种蛋时应避免翻蛋，除非保存时间超过 1 周，此时应每天翻蛋 1～2 次。

二、人工孵化的管理

人工孵化的关键在于科学地管理种蛋，从温度、湿度、通风、翻蛋、定期检查与记录方面进行精准调控。

1. 温度调控

在现代孵化厂中，温度调控是确保种蛋顺利孵化的关键因素之一。为了达到最佳的孵化效果，孵化厂常配备一系列先进的温度调控设备，这些设备协同工作，为种蛋提供适宜且稳定的孵化环境。

恒温箱是孵化厂中最基本的温度调控设备，它通过内置的加热元件和温度传感器来维持种蛋所需的恒定温度。在孵化过程中，恒温箱能够根据设定的温度值自动调节加热功率，确保温度的稳定性。此外，一些高端的恒温箱还配备了智能控制系统，可以实现远程监控和自动化调控，大大简化了孵化过程中的温度管理工作。在大型孵化厂中，空调系统不仅能够调节整个空间的温度，还能控制空气的湿度和流速，从而创造出一个理想的孵化环境。空调系统通常与恒温箱紧密配合，通过精确的温度控制，确保种蛋各个孵化阶段温度条件适宜。

在采用水浴孵化方式的孵化厂中，水加热系统是不可或缺的部分。它通过加热水来调节孵化环境的温度，水循环系统将热量传递给种蛋，确保种蛋孵化温度恒定、均匀。水加热系统通常与恒温箱配合使用，共同维持孵化环境的温度稳定。

温度记录仪用于记录孵化过程中的温度变化，为工作人员提供宝贵的数据参考。通过分析温度记录仪的数据，可以及时发现和解决可能出现的问题，优化孵化过程。

定时器和控制器用于设定和执行温度变化的程序，模拟自然孵化环境的温度变化。利用定时器和控制器，可以在特定的时间点自动调整设备的工作状态，无须人工干预，实现自动化的温度调控。

2. 湿度管理

湿度对种蛋的孵化同样有重大影响。适宜的湿度能够确保胚胎的正常发育，防止种蛋因干燥而破裂，或因过湿而发霉。一般来说，人工孵化的相对湿度应控制在 40%～60%。在孵化初期，湿度可以稍低一些，随着孵化的进行，湿度应逐渐增加。在孵化后期，湿度应保持在较高水平，以利于雏鸡的破壳。

为了维持稳定的湿度水平，孵化机通常配备有湿帘和加湿设备。湿帘可以增加孵化机内部的湿度，加湿设备则可以在必要时补充水分，保持湿度的稳定。此外，养殖者还可以通过定期检查孵化机内部的湿度计，及时调整湿度水平，确保种蛋在最佳的湿度环境中孵化。

3. 通风条件

种蛋的孵化需要有良好的通风条件。通风可以确保种蛋内氧气供应充足，同时排出二氧化碳等废气。然而，通风也不宜过强，以免影响湿度和温度的稳定。在人工孵化过程中，应根据孵化机的具体型号和环境条件，合理设置通风系统，确保空气流通，同时保持适宜的温度、湿度环境。通风系统在孵化厂中的主要作用是调节空气流动，维持适宜的氧气浓度和二氧化碳浓度。通过控制通风系统的运行，可以有效地控制孵化环境的温度和湿度，同时还能防止霉菌的滋生。

4. 翻蛋操作

翻蛋是人工孵化过程中的一个重要环节。通过定期翻蛋，可以防止胚胎与蛋壳内壁粘连，同时促进胚胎内部的血液循环和营养物质的均匀分布。翻蛋的频率和角度应根据孵化阶段的不同而有所调整。一般来说，孵化初期（前 18 天），每两小时翻蛋一次，翻蛋角度约 45°；孵化中期（第 19～25 天），翻蛋频率可减少到每 3 小时一次，翻蛋角度为 60°～90°；孵化后期（最后 3 天），应停止翻蛋，以防止胚胎压迫壳膜导致窒息。

注意：选择合适的翻蛋工具。使用专用的翻蛋工具，如翻蛋架或翻蛋机，以确保翻蛋动作平稳且准确。翻蛋工具应定期清洗消毒，以防止细菌和病毒的传播。在翻蛋过程中，动作要轻柔，避免对蛋造成机械损伤。同时，要确保每个蛋都被均匀地翻动，避免有的蛋被遗漏。除此之外，还需要注意避免过度翻蛋，过度翻蛋可能会导致胚胎受伤，甚至死亡。在翻蛋过程中，应尽量减少对孵化环境的干扰，如避免大声喧哗和突然的光线变化。

5. 定期检查与记录

在人工孵化过程中，应定期检查种蛋的孵化情况，记录温度、湿度、翻蛋等操作的具体情况。通过这些数据的记录和分析，及时发现并解决可能出现的风险问题，确保种蛋的顺利孵化。

07 第七章 岩鹰鸡的营养需求与常用饲料

第一节 岩鹰鸡的营养需求

一、总体营养需求特点

为了满足岩鹰鸡的生长需求，确保其肉质和营养价值，需要了解其营养需求特点。不同生长阶段岩鹰鸡的营养需求特点有所差异。

岩鹰鸡在生长发育阶段对营养的需求尤为旺盛。蛋白质是构成岩鹰鸡肌肉和器官的基本物质，因此在此阶段应保证高蛋白的饲料供给。此外，钙、磷等矿物质和维生素也是必不可少的，它们影响着骨骼发育和免疫系统的建立。因此，在生长发育阶段，可以选择富含这些营养成分的饲料，如配合饲料、绿色饲料等，以满足岩鹰鸡的生长需求。

育成期岩鹰鸡的营养需求相对稳定，但仍需保持均衡的营养供给。蛋白质的摄入应适当减少，以维持肌肉组织的稳定；能量的摄入则应根据活动量和即将产蛋的情况进行调整。此外，育成期岩鹰鸡对于维生素和矿物质的需求依然较高，特别是钙和磷对于维持骨骼健康和产蛋功能非常重要。因此，对于育成期岩鹰鸡，应选择富含这些营养物质的饲料，并注意饲料的新鲜度和卫生状况。

产蛋期的岩鹰鸡对营养的需求比较特殊。蛋白质的摄入应保持在较高水平，以支持产蛋过程中的蛋白质合成；同时，钙的摄入应大幅增加，以满足蛋壳形成的需求。此外，维生素 E 和 B 族维生素等的摄入也应增加，以保护生殖系统免受氧化应激的损害。在此阶段，可以选择专门针对产蛋期的饲料，或者在饲料中添加钙补充剂和维生素预混料，以确保岩鹰鸡获得充足的营养。

除了以上三个阶段外，对换羽期的岩鹰鸡也需要特别关注营养供给。换羽期间，岩鹰鸡的羽毛更新速度加快，对蛋白质和能量的需求增加。此时，应提供高蛋白、高能量的饲料，并确保钙、磷等矿物质的供给充足，以支持羽毛的生长和更换。此外，还应注意补充维生素（如维生素 A、维生素 D 和维生素 E 等）和微量元素，以促进羽毛健康地生长。

为了满足岩鹰鸡在不同生长阶段的营养需求，饲养管理者应根据岩鹰鸡的生长情况、季节变化和饲料原料的可获得性等因素，灵活调整饲料配方。同时，还应注重饲料的新鲜度和卫生状况，确保饲料无霉变、无污染。此外，应当定期监测岩鹰鸡的体重、饲料消耗量和产蛋情况等指标，及时调整饲养管理措施，以确保岩鹰鸡的健康生长和高产性能。

二、能量需求

1. 生长发育阶段（雏鸡至育成鸡）

能量需求特点：在这个阶段，岩鹰鸡的生长速度较快，对能量的需求较高。建议日粮中的能量含量占岩鹰鸡所需总能量的 60%～70%，以支持其快速生长和免疫系统的建立。

能量来源：主要来自饲料中的碳水化合物和脂肪。碳水化合物是主要的能量来源，脂肪则提供了额外的能量和必需脂肪酸。

2. 育成鸡至产蛋鸡过渡阶段

能量需求特点：随着育成鸡接近产蛋期，其能量需求会有所变化。建议日粮中的能量含量占岩鹰鸡所需总能量的 50%～60%，以支持其即将到来的高产蛋期。

能量来源：碳水化合物是主要的能量来源，但脂肪的比例可以逐渐增大，以支持脂肪的积累。

3. 产蛋阶段

能量需求特点：在产蛋阶段，岩鹰鸡对能量的需求达到最高。建议日粮中的能量含量占岩鹰鸡所需总能量的 60%～70%，以支持其持续的产蛋活动。

能量来源：碳水化合物是主要的能量来源，但脂肪的比例可以进一步增大，以提供额外的能量。

4. 休产期

能量需求特点：在休产期，岩鹰鸡的能量需求会有所下降。建议日粮中的能量含量占岩鹰鸡所需总能量的50%～60%，以避免过度肥胖。

能量来源：碳水化合物是主要的能量来源，但脂肪的比例可以调低，以控制体重。

5. 老龄期

能量需求特点：在老龄期，岩鹰鸡的能量需求进一步下降。建议日粮中的能量含量占岩鹰鸡所需总能量的40%～50%，以维持其基本的生理需求。

能量来源：碳水化合物是主要的能量来源，但脂肪的比例可以进一步调小。

总之，岩鹰鸡在不同生长阶段对能量的需求差异显著，这与它们的生理状态和生产性能密切相关。在设计饲料配方时，应充分考虑到这些变化，以确保岩鹰鸡能够获得适宜的能量供应，满足其生长、生产和健康的需求。在生长发育阶段，应提供高能量饲料以支持快速生长；在育成鸡向产蛋鸡过渡阶段，应适当增加脂肪的比例以支持脂肪积累；在产蛋鸡阶段，应提供高能量饲料以支持持续的产蛋活动；在休产期和老龄期，应适当减少能量供应以控制体重和维持健康。

三、蛋白质和氨基酸需求

岩鹰鸡在不同生长阶段对蛋白质和氨基酸的需求差异显著，这些差异反映了其生长发育、生理状态和生产性能的变化。以下是关于岩鹰鸡在不同生长阶段对蛋白质和氨基酸需求的详细分析。

育雏期（0～6周龄）：蛋白质是雏鸡肌肉、骨骼、羽毛等组织器官生长发育的物质基础。岩鹰鸡雏鸡生长迅速，代谢旺盛，对蛋白质需求较高，一般日粮中蛋白质含量需达到18%～20%。通常，每千克日粮中，蛋氨酸含量需达到0.32%～0.35%，赖氨酸含量为0.85%～0.9%，苏氨酸含量为0.55%～0.6%。

蛋氨酸参与雏鸡体内的甲基转移和硫代谢，对羽毛生长和免疫力有重要影响；赖氨酸是合成雏鸡体蛋白的重要原料，缺乏会导致生长迟缓、体重减轻；苏氨酸对雏鸡肠道发育和免疫功能有重要作用。

育成期（7～16周龄）：育成期岩鹰鸡的身体结构和器官发育逐渐完善，生长重点从肌肉、骨骼生长转向羽毛丰满和体脂沉积。日粮蛋白质含量宜为

15%～17%。每千克日粮中，蛋氨酸含量为 0.25%～0.28%，赖氨酸含量为 0.65%～0.7%。

产蛋期（17 周龄以后）：产蛋需要消耗大量的蛋白质，用于合成蛋黄、蛋清等成分。日粮蛋白质含量应保持在 16%～18%。每千克日粮中，蛋氨酸含量需达到 0.3%～0.33%；赖氨酸对于维持鸡的高产蛋性能至关重要，含量一般为 0.75%～0.8%。

四、矿物质需求

岩鹰鸡在其生命周期的不同阶段对矿物质的需求会有所不同，这些需求的变化与它们的生长发育、生理状态及生产性能紧密相关。以下是关于岩鹰鸡在不同生长阶段对矿物质需求的详细分析。

1. 雏鸡阶段

钙和磷：雏鸡在快速生长过程中需要大量的钙和磷来支持骨骼的发育。钙是构成骨骼的主要成分，磷参与能量代谢和骨骼结构的构建。

锌、铁和硒：这些微量元素影响着雏鸡的免疫系统和生长发育，它们在免疫系统的建立和维护、酶活性的调节及细胞代谢中发挥着不可替代的作用。锌对于免疫系统的正常运作和细胞分裂非常重要，铁是血红蛋白的组成部分，而硒是抗氧化酶的重要组成部分。

锰和铜：锰对于骨骼的形成和酶的活性很重要，铜参与红细胞的生成和铁的代谢。

2. 育成鸡阶段

钙和磷：随着岩鹰鸡进入育成期，其对钙和磷的需求依然保持在较高水平，以支持其持续地生长和发育。

其他矿物质：随着育成鸡接近产蛋期，对其他矿物质的需求也会增加，特别是镁，它在骨骼结构的稳定和能量代谢中扮演着重要角色，严重影响着产蛋鸡的蛋壳质量。

3. 产蛋鸡阶段

钙和磷：产蛋鸡对钙和磷的需求显著增加。钙是构成蛋壳的主要成分，而蛋壳的质量直接关系到产蛋率和蛋重。磷参与能量代谢和蛋壳的形成。

其他矿物质：产蛋鸡对镁的需求增加，因为镁是蛋壳形成的必需矿物质之一。此外，产蛋鸡对锌、铁、锰、铜等微量元素的需求也保持在较高水平，以支持产蛋鸡的高代谢率和维持其生理功能。

4. 休产期

钙和磷：因为产蛋活动减少，休产期的岩鹰鸡对钙和磷的需求会降低。

其他矿物质：此阶段，岩鹰鸡对其他矿物质的需求会相应减少，但仍需保持一定的水平，以支持鸡体的基本生理需求。

5. 老龄期

钙和磷：老龄期的岩鹰鸡对钙和磷的需求进一步减少，因为新陈代谢减缓，对能量和生长的需求降低。

其他矿物质：此阶段，岩鹰鸡对其他矿物质的需求持续减少，但仍需保持适当的水平，以支持鸡体的基本生理功能。

五、维生素需求

岩鹰鸡在其生命周期的不同阶段对维生素的需求呈现出显著的变化，这些变化与它们的生长发育、生理状态及生产性能紧密相关。以下是关于岩鹰鸡在不同生长阶段对维生素需求的详细分析。

1. 雏鸡阶段

维生素 A：雏鸡需要足够的维生素 A 来支持其快速增长和免疫系统的发展。维生素 A 对于视网膜的健康和上皮细胞的分化至关重要。

B 族维生素：B 族维生素影响能量代谢和神经系统的功能。在这个阶段，雏鸡对烟酸（维生素 B_3）、核黄素（维生素 B_2）、泛酸（维生素 B_5）和维生素 B_{12} 等的需求较高，因为这些维生素参与了能量的产生和转化。

维生素 C：虽然岩鹰鸡可以自行合成维生素 C，但在应激或疾病状态下，外源性的维生素 C 补充是有益的。

维生素 D：维生素 D 影响钙和磷的代谢，对于雏鸡骨骼的生长非常重要。

维生素 E：作为一种强大的抗氧化剂，维生素 E 有助于保护细胞免受氧化应激损伤。

维生素 K：维生素 K 在血液凝固和骨骼健康方面发挥重要作用。

2. 育成鸡阶段

维生素 A：育成鸡需要足够的维生素 A 来支持其持续地生长和免疫系统

的维护。

B 族维生素：B 族维生素的需求保持较高水平，特别是生物素（维生素 B_7）和叶酸（维生素 B_9），它们对于羽毛的健康生长和细胞分裂非常重要。

维生素 C：随着育成鸡接近产蛋期，对维生素 C 的需求可能会增加，因为维生素 C 对于激素的合成和免疫系统的维护很重要。

维生素 D：维生素 D 的需求保持较高水平，以支持骨骼的进一步发育和维持钙磷平衡。

维生素 E：育成鸡对维生素 E 的需求可能会增加，因为它们开始更多地接触环境，可能会面临更多的应激和氧化压力。

3. 产蛋鸡阶段

维生素 A：产蛋鸡需要足够的维生素 A 来支持高产蛋的生理需求，以及维持良好的视觉健康。

B 族维生素：B 族维生素的需求继续保持高水平，特别是维生素 B_2、维生素 B_5、维生素 B_6、维生素 B_7、维生素 B_9 和维生素 B_{12}，它们对于能量代谢、神经功能和生殖健康至关重要。

维生素 C：产蛋鸡对维生素 C 的需求显著增加，因为维生素 C 对于激素的合成和抗氧化防御机制非常重要。

维生素 D：维生素 D 的需求达到最高水平，因为钙和磷是构成蛋壳的主要成分，而维生素 D 影响着钙的吸收和利用。

维生素 E：产蛋鸡对维生素 E 的需求增加，因为它们需要更强的抗氧化防御功能来保护机体免受自由基损伤。

维生素 K：产蛋鸡对维生素 K 的需求保持稳定。维生素 K 对于维持凝血机制和骨骼健康非常重要。

4. 老龄期

维生素 A、维生素 D 和维生素 E：这些维生素的需求可能会有所下降，但仍然需要保持适当的水平，以支持老龄鸡的基本生理需求。

B 族维生素：B 族维生素的需求可能会有所减少，但对于维持神经系统和代谢功能仍然重要。

维生素 C：老龄鸡对维生素 C 的需求可能减少，但在应激状态下仍需要额外的补充。

5. 总结

为了满足岩鹰鸡在不同生长阶段对维生素的需求，饲养者应提供均衡全面的维生素，并根据鸡的生理状态和生产周期调整饲料配方。例如，在产蛋期，需要增加维生素 D 和维生素 E 的供应，以支持高水平产蛋的生理需求。同时，饲养者还应该注意避免维生素过量，因为某些维生素（如维生素 A 和维生素 D）在高剂量下可能有害。通过科学的饲养管理和营养调控，确保岩鹰鸡在其整个生命周期内获得所需的维生素，从而促进其健康成长和高效生产。

第二节　岩鹰鸡的常用饲料

一、饲料种类

岩鹰鸡的饲料种类多样，主要包括配合饲料、绿色饲料、昆虫饲料、颗粒饲料、自制饲料、浓缩料和预混料等。这些饲料各具特色，为岩鹰鸡的健康成长提供了全面的营养支持。

育雏鸡的颗粒饲料

1. 配合饲料

配合饲料是岩鹰鸡日常饮食的基础。它由多种谷物、蛋白质和添加剂等混合而成，能够满足岩鹰鸡在不同生长阶段的基本营养需求。谷物如玉米、大麦和小麦等，为岩鹰鸡提供了主要的能量来源；蛋白质如豆粕、鱼粉等，是构建岩鹰鸡身体组织的重要原料。此外，添加剂确保了饲料的营养均衡，促进了岩鹰鸡的健康成长。

2. 绿色饲料

绿色饲料如青草、蔬菜叶等，富含纤维和维生素，对于岩鹰鸡的消化与代谢和健康有着不可忽视的作用。它们不仅可以提供岩鹰鸡所需的维生素，还有助于维持肠道健康，促进消化。

3. 昆虫饲料

昆虫饲料是岩鹰鸡天然的食物来源之一，如蚂蚱、蟋蟀、蚯蚓等昆虫不仅

岩鹰鸡鸡群在吃饲料

口感鲜美，而且营养丰富。它们为岩鹰鸡提供了优质的蛋白质和必需的氨基酸，同时也是岩鹰鸡天然的捕猎乐趣所在。

4. 其他饲料

包括颗粒饲料、自制饲料、浓缩料和预混料等，虽然使用频率比前三种饲料低，但它们在特定情况下也发挥着重要的作用。例如，颗粒饲料便于储存和运输，且营养均衡，适合大规模饲养；自制饲料可以根据当地的资源情况灵活调配，但需注意营养均衡；浓缩料和预混料则是补充饲料的重要组成部分，确保了岩鹰鸡获得必要的微量营养物质。

综上所述，岩鹰鸡的饲料种类丰富多样，饲养者应根据岩鹰鸡的生长阶段、健康状况及当地的饲料资源情况，合理选择和搭配不同种类的饲料，以确保岩鹰鸡获得均衡的营养供应，促进其健康成长，维持其高产蛋性能。

二、饲料的营养价值

岩鹰鸡饲料的营养价值主要体现在其全面的营养成分上。岩鹰鸡的饲料通常包括粮食、豆粕等植物性饲料，以及蛋白质、维生素等营养补充剂。这些饲料能够满足岩鹰鸡的生长需求，促进其健康成长。特别是在放养条件下，岩鹰鸡能够自由觅食，获取更多的天然食物，如昆虫、草籽等，这些食物富含蛋白质和微量元素，有助于提高岩鹰鸡的肌肉品质。

三、岩鹰鸡在野外捕食时的主要食物

岩鹰鸡在野外捕食时的食物类型较为广泛，包括鸟类、小型哺乳动物、爬行类、两栖类、鱼类、昆虫、软体动物及动物尸体等。不同产区的岩鹰鸡根据所处的环境和习性的不同，会有不同的捕食对象。有的岩鹰鸡食性较广，选择性不强，称为广食性；有的岩鹰鸡则十分挑剔，只吃一、二种食物，称为寡食性。例如，一些岩鹰鸡可能会捕食鹌鹑、鸠鸟、麻雀等飞禽，偶尔搭配动物内脏，如鸡心、牛心等。此外，鼠肉也是许多岩鹰鸡的选择。

总的来说，岩鹰鸡在野外捕食时的食物类型丰富多样，能够根据不同的环境条件和食物资源灵活调整自己的饮食习惯。

岩鹰鸡在捕食

第三节　岩鹰鸡饲料配制

一、饲料配方设计的原则

适用于岩鹰鸡饲料配方设计的一般性原则：

1. 营养均衡

饲料配方应确保岩鹰鸡能够摄入适量的能量、蛋白质、维生素和矿物质，以满足其生长、繁殖和维持健康所需的各种营养物质。

2. 原料选择

饲料配方设计时应优先选择新鲜、优质、无污染的饲料原料，并根据岩鹰鸡的生理特点和营养需求选择合适的饲料类型。

3. 经济实惠

在保证营养均衡的前提下，饲料配方应尽可能降低成本，提高养殖效益。

4. 安全可靠

饲料原料无发霉、酸败及变质现象，不使用违禁、违规的饲料添加剂。

5. 适应性

饲料配方应考虑岩鹰鸡的不同生长阶段和生理状态，以及当地的气候和环境条件，进行相应的调整。

6. 加工处理

在饲料加工过程中应保持其营养成分的稳定性，避免高温或潮湿等条件导致营养损失。

7. 质量控制

饲料生产过程中应有严格的质量控制措施，确保每批饲料的质量符合国家标准。

二、饲料配方的设计

（一）设计岩鹰鸡饲料配方需要考虑的因素

设计岩鹰鸡饲料配方涉及多个方面，包括饲料原料的选择、营养成分的平衡、饲料添加剂的使用等。

1. 饲料原料的选择

选择饲料原料时，应优先考虑当地可获取的饲料资源，以确保原料的稳定供应和成本控制。同时，要考虑原料的营养价值，选择那些能够满足岩鹰鸡生长需求的原料。常见的饲料原料包括玉米、豆粕、鱼粉、麦麸等。

2. 营养成分的平衡

饲料配方设计的核心是确保饲料中营养成分的平衡。这包括能量、蛋白质、矿物质、维生素等。能量通常由碳水化合物和脂肪提供，蛋白质来源于动植物性饲料，矿物质和维生素则需要通过添加相应的饲料添加剂来补充。

岩鹰鸡饲料配方中必需添加的微量元素

铁：铁是血红蛋白的组成部分，影响氧的运输和储存。

锌：锌参与多种酶的活性，对于鸡的免疫系统、生殖系统和生长发育具有重要作用。

铜：铜是多种酶的辅助因子，对于鸡的铁代谢、结缔组织形成等方面有影响。

锰：锰是多种酶的组成部分，对于鸡的生长、骨骼发育等方面有重要作用。

硒：硒是抗氧化酶的组成部分，对于鸡的免疫系统、生殖系统和抗氧化反应有重要影响。

碘：碘是甲状腺激素的组成部分，影响鸡的代谢、生长发育和能量平衡。

钼：钼是多种酶的辅助因子，对于鸡的氮代谢等有影响。

镍：镍在一些微生物酶中起到催化作用。

钴：钴是维生素 B_{12} 的组成部分，对于鸡的生长、神经系统和红细胞形成有影响。

铬：铬会影响胰岛素的活性，对血糖水平的调控有一定作用。

3. 饲料添加剂的使用

饲料添加剂可以提高饲料的营养价值和消化吸收率，减少疾病发生。常用的饲料添加剂包括维生素添加剂、氨基酸添加剂、酶制剂、微生态制剂等。在使用添加剂时，应严格按照国家相关标准和规定进行，避免过量使用。

4. 注意事项

在设计饲料配方时，需要注意以下两点：

（1）饲料的口感和适口性，确保岩鹰鸡愿意食用。

（2）饲料的物理性质，如颗粒大小、硬度等，应适合岩鹰鸡摄入和消化。

（二）保证岩鹰鸡饲料适口性和消化率的方法

1. 选择优质原料

饲料原料的品质直接影响饲料的适口性和消化率。应选择新鲜、无毒、无霉变、质地良好的饲料，避免使用含有毒素和有害物质的原料。

2. 优化饲料配方

根据岩鹰鸡的营养需求和消化生理特点，合理搭配能量饲料、蛋白质饲料和矿物质饲料。能量饲料如玉米、大麦和高粱，蛋白质饲料如豆饼、花生饼和鱼粉，矿物质饲料如骨粉和贝壳粉。

3. 控制粗纤维含量

岩鹰鸡对粗纤维的消化能力有限，因此饲料中粗纤维的含量应控制在适宜范围（3%～5%）内，以避免影响鸡的消化率和营养物质的吸收。

三、选择配合饲料

（一）根据生产目标调整配合饲料配方

根据生产目标，调整岩鹰鸡配合饲料配方时，需要考虑以下几个关键点：

1. 选择合适的原料

选择当地常用的原料品种，并根据国家发布的《饲料成分及营养价值表》来设计配方。对于原料的能量值，由于直接测量较为困难，通常采用能量估算公式来估算。

2. 原料价格变化

根据原料价格的变化及时调整配方，以降低成本。确定原料价格时，要明确是库存价格还是市场价格，是预测价格还是平均价格。

3. 控制粗纤维含量

根据岩鹰鸡的不同生长阶段，控制饲料中的粗纤维含量。例如，雏鸡的粗纤维含量应控制在 2%～3%，育成期控制在 5% 以上，产蛋鸡控制在 2.5%～3.5%。

4. 避免有害物质

确保饲料中不含有害、有毒等违禁违规原料，如沙门氏菌和超标的重金属等。

5. 饲料体积与消化道适应性

饲料的体积应与岩鹰鸡的消化道大小相适应，以免消化系统负担过重或饲料消化吸收不足。

6. 配方设计的延缓性

考虑到原料变化，比如饲料的颜色、气味等变化对岩鹰鸡的应激、适口性、市场接受度等方面的影响，设计配方时应有一定的灵活性和适应性。

7. 实验和监测

在调整饲料配方后，进行实验和监测，以评估新配方对岩鹰鸡生长性能和健康状况的影响，确保调整后的饲料配方能够满足生产目标。

请注意，上述建议是基于一般养鸡场的饲料配方调整原则而提出的。如果可能，建议咨询兽医或营养专家，以便制订更加精准和适用的饲料配方。

（二）能量和蛋白质的比例

在配制岩鹰鸡饲料时，能量和蛋白质的比例是非常重要的，其直接影响岩鹰鸡的生长速度和健康状况。以下是一些关于能量饲料和蛋白质饲料在岩鹰鸡饲料中占比的建议。

1. 能量饲料的比例

能量饲料主要包括玉米、麸皮、大麦、高粱和米糠等。它们通常占据饲料总重量的较大比例。例如，玉米可以占配合饲料的 $45\%\sim70\%$，麸皮可以占 $5\%\sim30\%$，大麦和高粱的比例通常较低，分别为 $15\%\sim20\%$ 和 10% 左右。

2. 蛋白质饲料的比例

蛋白质饲料主要包括豆饼、花生仁饼、棉籽饼和鱼粉等。这些饲料提供必需的氨基酸，对鸡的生长和维持身体结构至关重要。蛋白质饲料的比例通常较低，但仍然是必不可少的。豆饼和花生仁饼可以占配合饲料的 $10\%\sim20\%$。棉籽饼的使用量应控制在较低水平，必须在 10% 以下，通常 5% 左右。鱼粉的比例可根据具体情况而定，通常为 $5\%\sim15\%$。

3. 综合考虑

在实际操作中，应根据岩鹰鸡的品种、年龄、体重、生产阶段以及当地的饲料资源和成本来调整各种饲料配合原料的比例。例如，生长迅速的雏鸡可能需要更高比例的蛋白质，成年鸡则可能需要更多的能量。此外，季节变化也可能影响饲料的需求，如在冬季可能需要更多的能量饲料来维持体温。

综上所述，配制岩鹰鸡饲料时，应根据岩鹰鸡的具体需求和当地条件，合理调配能量和蛋白质的比例，以确保岩鹰鸡的健康和生产力。

四、放养鸡的饲料补充

（一）岩鹰鸡放养鸡的饲料补充原则

1. 以原汁原味的农副产品为主

放养鸡的补充饲料应以未经加工和破碎的玉米、小麦、大麦、高粱、豌豆等谷物类饲料为主，以保证饲料的纯净和提高饲料的利用率。

2. 饲草选择

饲草应以苜蓿等豆科类牧草为主，这些牧草富含蛋白质和矿物质，有助于岩鹰鸡的健康成长。

3. 补充饲料的定期饲喂

岩鹰鸡进入放养阶段后，应定期集中饲喂适量的豆粕、麸皮、油粕，并注意添加增重所需要的矿物质。

4. 减少配合饲料的使用

鸡群进入放养阶段后，应尽量减少或不使用配合饲料，以保证鸡肉的品质。

5. 饲料的分批饲喂

如果需要饲喂豆饼、麸皮、矿物质，应准备必要的料槽，进行分批饲喂，以免造成饲料的浪费。

6. 饲料的存储

确保饲料储存在干燥、凉爽、通风良好的地方，防止饲料养分的流失和霉变。

7. 正确掌握饲喂量

根据岩鹰鸡放养阶段的生理特点，调整饲料的饲喂量，避免浪费。

8. 逐步更换补充饲料

在更换饲料时，应注意逐步过渡，避免岩鹰鸡的胃肠道不适应新的饲料，导致消化不良等问题。

（二）岩鹰鸡放养阶段的饲料搭配建议

岩鹰鸡放养阶段的饲料搭配应该注重营养均衡和自然食物的利用。以下是一些适合岩鹰鸡放养阶段的饲料和搭配建议。

1. 原粮

原粮是岩鹰鸡放养阶段的基础饲料，包括玉米、小麦、稻谷及大豆等。这些谷物类饲料可以提供必要的能量和蛋白质。

2. 饲草

收集饲草，如牧场附近的廉价蔬菜、各种牧草、植物秧蔓和新鲜的农作物秸秆等，可以作为补充饲料，提供纤维素和维生素。

3. 野生饲料资源

放牧林地上生长的各种杂草及滋生的虫子等，可以作为额外的蛋白质和能量来源。

4. 矿物质饲料和河沙

石粉和骨粉等矿物质饲料可以用于补充钙、磷等矿物质，而不溶性的河沙可以帮助岩鹰鸡消化食物。

5. 其他搭配饲料

如食盐、复合维生素等。

（三）在岩鹰鸡放养过程中应坚持天然食物和人工饲料相结合

岩鹰鸡是一种适应自然环境强的土鸡品种，在野外环境中通常能够通过觅食昆虫、植物种子等天然食物来维持生存。岩鹰鸡在放养过程中确实可以依赖天然食物，但在某些情况下也需要补充人工饲料。例如，在美姑县黄茅埂山脉的高二半山一带，岩鹰鸡主要以户外虫、草、沙砾为食，早晚会补充一些杂粮及其副产物，如洋芋、荞麦麸等。这表明虽然岩鹰鸡可以在一定程度上依赖天然食物，但为了保证其营养均衡，有时还是需要适当添加人工饲料。

（四）在岩鹰鸡放养阶段减少使用配合饲料的原因

主要包括以下几点：

1. 提高饲料效率

配合饲料通常包含多种成分，但并非所有成分都能被岩鹰鸡完全吸收利用。减少配合饲料的使用可以避免放养阶段过度喂养和营养过剩，从而提高饲料的转化率。

2. 降低成本

配合饲料的成本通常较高，减少使用可以降低饲养成本。此外，通过优化饲料配方，可以使用更经济的本地饲料资源，进一步降低成本。

3. 促进健康

过度依赖配合饲料可能导致放养阶段岩鹰鸡摄入过多的添加剂，这些物质可能对鸡的健康产生不利影响。减少配合饲料的使用有助于减少这些潜在的健康风险。

4. 提高肉质品质

天然食物通常含有更多的天然营养成分，如优质蛋白、不饱和脂肪酸、多糖、硒、锌和抗氧化剂，这些成分有助于提高岩鹰鸡肉质的口感和营养价值。

综上所述，减少使用配合饲料在提高饲料转化率、降低成本、促进健康和提高肉质品质等方面具有重要意义。然而，在实施减少配合饲料的策略时，需要确保岩鹰鸡能够获得足够的营养，以维持其健康和生产力。

五、推荐的岩鹰鸡典型饲粮配方

岩鹰鸡是一种适应性强、易于饲养的家禽品种，其饲粮配方对于其生长发育至关重要。

（一）岩鹰鸡饲粮配方推荐

1. 基础饲粮配方

（1）玉米　占总饲粮的 50%～60%，是主要能量来源。

（2）豆粕　占总饲粮的 20%～25%，提供优质蛋白质。

（3）麦麸　占总饲粮的 10%～15%，提供纤维素和微量元素。

（4）鱼粉　占总饲粮的 5%～10%，提供额外的蛋白质和微量元素。

（5）矿物质和维生素补充剂　根据岩鹰鸡的生长阶段和健康状况适量添加。

2. 特殊需求饲粮配方

对于产蛋期的母鸡，可以增加钙和磷的含量，以满足蛋壳形成的需求。

对于快速生长的青年鸡，可以增加蛋白质的比例，以支持肌肉和骨骼的发育。

3. 注意事项

（1）饲粮的新鲜度非常重要，应定期更换，避免饲料变质。

（2）饲粮的营养成分应根据岩鹰鸡的生长阶段和健康状况进行调整。

（3）饲粮的加工和储存应避免污染，确保岩鹰鸡的健康。

以上饲粮配方仅供参考，具体配方可能需要根据当地的饲料资源和岩鹰鸡的实际需求进行调整。在实际饲养过程中，建议咨询兽医或养殖专家，以获得更加个性化和科学的饲粮配方。

保证岩鹰鸡饲料新鲜和防止污染的方法

（二）岩鹰鸡的健康状况与饲粮配方调整

岩鹰鸡的健康状况直接影响其生长发育和生产性能，因此，根据其健康状况调整饲粮配方是非常必要的。以下是一些建议：

1. 评估健康状况

对岩鹰鸡的健康状况进行全面评估，包括体重、羽毛状况、粪便颜色和质地、食欲等。这些指标可以帮助判断岩鹰鸡是否缺乏某些营养物质或者是否患有某种疾病。

2. 调整营养成分

根据健康状况的评估结果，适当调整饲粮中的营养成分。例如，如果鸡体重偏轻，可能需要增加能量密度较高的饲料，如玉米和豆粕；如果鸡体重过重，可能需要减少能量密度较高的饲料，增加纤维素含量较高的饲料，如麦麸和稻草。

3. 补充特定营养物质

如果鸡缺乏某些特定的营养物质，如蛋白质、维生素或矿物质，可以通过添加相应的补充料来弥补。例如，如果鸡缺乏蛋白质，可以添加豆粕或鱼粉；如果鸡缺乏维生素，可以添加维生素预混料；如果鸡缺钙，可以添加石粉或贝壳粉。

4. 定期监测和调整

调整饲粮配方后，需要定期监测鸡的健康状况和生产性能，以便及时发现问题并进行调整。例如，可以定期检测鸡的体重和产蛋率，观察鸡的行为和食欲等。

以上建议仅供参考，在实际生产中，还需要根据岩鹰鸡的实际情况和当地的饲料资源进行调整。如有可能，建议咨询兽医或营养专家的意见。

第八章 岩鹰鸡饲养管理

第一节　种鸡的饲养管理

一、种鸡育雏期的饲养管理与最佳建议方案

岩鹰鸡种鸡育雏期的饲养管理是确保鸡群健康成长的关键因素。在育雏期，应提供适宜的环境条件，包括温度、湿度、空气质量和光照条件等；维持合理的饲养密度，初期饲养密度为 15～40 只/米²，随着岩鹰鸡日龄的增大，饲养密度根据养殖实际场地逐渐减小；保持饮水清洁，定期更换饮水，以确保雏鸡获得充足的水分，且水中重金属不能超标；按照免疫程序进行疫苗接种，提高鸡群的免疫力；建立生物安全体系，定期消毒，并对病死鸡进行妥善处理等。

（一）岩鹰鸡种鸡育雏期温度建议

1. 岩鹰鸡育雏不同阶段的温度

（1）1～3 天　温度需控制在 35～40 ℃。

（2）4～7 天　温度需控制在 33～34 ℃。

（3）7～14 天　温度需控制在 32～33 ℃。

（4）14～21 天　温度需控制在 30～32 ℃。

（5）21 天以上　温度需控制在 28～30 ℃。

2. 温度控制注意事项

（1）入舍前，育雏室内温度不低于 34 ℃，保证雏鸡入舍后在 0.5 小时内散开。

（2）入舍后，根据鸡群表现进行温度调节，而不仅仅是依据温度计示数调

节温度。

（3）注意腹部温度的控制。对 7 日龄内的雏鸡，最好在笼底铺设育雏纸，以确保雏鸡腹部温度不低于 25 ℃。

（二）岩鹰鸡育雏期湿度建议

湿度对雏鸡的生理反应和生产性能有着直接影响。适宜的湿度有助于雏鸡的消化吸收功能和免疫系统的建立，而不适宜的湿度则可能导致疾病的发生。育雏初期，即 0～10 日龄的雏鸡，需要相对较高的湿度，通常保持在 60％～70％。10 日龄后的雏鸡，湿度应保持在 50％～65％。

二、种鸡育成期的饲养管理与最佳建议方案

育成期，又称"脱温期"，此时较育雏期所需温度降低明显，最理想的温度为 20～22 ℃，更适合在自然气候条件下饲养。一般，饲养密度为 6～12 只/米^2，随着岩鹰鸡日龄的增大，饲养密度根据养殖实际场地逐渐减小。

1. 岩鹰鸡种鸡育成期温度建议

（1）7～12 周龄　温度需控制在 20～22 ℃。

（2）13～16 周龄　温度需控制在 18～25 ℃。

2. 岩鹰鸡育成期湿度建议

育成期理想的湿度为 50％～65％。7～12 周龄可接受较大湿度范围（45％～70％）。

三、种母鸡产蛋期的饲养管理

（一）岩鹰鸡种母鸡产蛋期的日常管理要点

岩鹰鸡种母鸡在产蛋期的饲养管理是确保其健康和提高产蛋效率的关键。以下是一些重要的饲养管理要点：

1. 环境控制

保持适宜的温度和湿度对母鸡的产蛋至关重要。理想的温度范围为 13～25℃，湿度应保持在 40％～72％。此外，应确保鸡舍内部通风良好，以减少有害气体的积聚。定期清洁鸡舍，保持干净整洁，可以预防疾病的发生，维护

鸡只的健康。

2. 饲料管理

在产蛋前期，应提供富含能量、蛋白质、钙、磷的饲料，以满足母鸡生长和产蛋的双重需求。随着产蛋率的提升，饲料喂量应适当增加，通常每周增加4～6克/只，直至达到产蛋高峰。产蛋中期，应保持饲料能量和蛋白质水平稳定，并根据产蛋量的变化适当调整喂料量。产蛋后期，随着产蛋量的下降，应适当减少喂料量或降低日粮中蛋白质水平，以维持体能和产蛋所需的营养。

3. 健康管理

定期检查种母鸡的健康状况，预防和及时治疗疾病。特别是在产蛋高峰期，应避免进行可能引起应激的操作，如接种疫苗、驱虫等。

（二）岩鹰鸡种母鸡在产蛋期的饲料配方

在岩鹰鸡种母鸡的产蛋期，饲料配方的调整对于确保其健康和提高产蛋率至关重要。

1. 能量需求的变化

春季气温转暖后，岩鹰鸡种母鸡对饲料中的代谢能量需求降低，基础代谢能量需求减少，能量需求从体组织生长转向蛋形成，需保证能量与蛋白质、氨基酸的平衡（能量/蛋白比：50～59焦/克）。饲料配方以玉米为主（占65％～70％，春季玉米水分低、能量稳定），搭配碎米（5％～10％），提升适口性，减少麸皮（≤3％）等高纤维低能原料。

2. 蛋白质需求的变化

母鸡产蛋期需要较多的蛋白质，因此应根据产蛋率的提高情况相应增加饲料中的蛋白质含量。当产蛋率达到50％时，蛋白质含量应达到15.5％，并根据产蛋率的进一步提高而增加，产蛋率每增加10％，则增加0.5％的可消化蛋白质，但最高不应超过18.5％。

3. 矿物质需求的变化

随着产蛋率的提高，对矿物质的需求量也会增加。特别是钙和磷的含量，应适当提高，以维持蛋壳质量。钙的含量应由2％～3％提高到4％，磷含量由0.5％提高到0.6％。

4. 维生素需求的变化

随着产蛋率的上升，对维生素的需求量也会增加。应适量补充维生素，特别是复合型维生素，以满足产蛋期的营养需求。

5. 饲料中的其他添加剂

在饲料中添加贝壳砂或粗粒石灰石，可以提高夜间形成的蛋壳的强度，改善蛋壳品质。添加维生素 D_3，能促进钙、磷的吸收。

注意，定期监测岩鹰鸡的健康状况和产蛋表现，以便及时调整饲料配方。

（三）岩鹰鸡种母鸡的光照管理要求

岩鹰鸡种母鸡的合理光照管理是确保其健康生长和高效产蛋的重要因素。以下是一些具体的光照管理要求：

1. 育雏期和育成期

（1）光照时间 育雏期（0～14 天），可以采取逐步减少光照时间的策略，如前 3 天每天减少 1 小时，之后每 2 天减少 2 小时，最终达到 12 小时的光照时间。育成期（15～21 天）可以直接从 12 小时降至 10 小时，然后再降至 8 小时，以达到恒定的光照时间。

（2）光照强度 在育雏期前 1 周可以采用 40 勒克斯，之后降至 30 勒克斯，并在育成期保持恒定。

2. 预产期和产蛋期

在增加光照强度或延长光照时间前，应进行鸡群评估，以确定是否符合增强光照管理的标准。如果达到标准，可以直接从每天 8 小时光照增加到 12 小时，并将光照强度提升到 60 勒克斯。12～15 小时的恒定光照时间应根据鸡群的产蛋率逐渐提升，如产蛋率达到 5％时可以提升到 14 小时，达到 45％时可以提升到 15 小时。

3. 光照管理原则

适度照明、科学调光和合理的光照周期是光照管理的基本原则。适度照明是指根据岩鹰鸡的生理需求提供适当的光照强度和时间，科学调光是通过控制光照亮度的变化模拟自然环境对岩鹰鸡的影响，合理的光照周期是保证岩鹰鸡生物钟调整正常的关键。

4. 光照管理方法

包括光源选择、光照强度调节和光照时间控制。光源的选择应考虑节能和光照质量，光照强度的调节需要根据岩鹰鸡的生理需求和饲养环境来确定，光照时间的控制主要包括模拟白天和黑夜的交替变化。

5. 注意事项

在减少光照时间的阶段，观察鸡群每天是否在关灯前把每日料量吃完，如果吃不完，可以适当减缓缩短光照时间的速度。开灯时间和关灯时间一定要固定，不要随意变动，以避免影响鸡群的生物钟和造成应激。

四、种公鸡的饲养管理

（一）岩鹰鸡种公鸡的日常饲养管理

对岩鹰鸡种公鸡合理的饲养管理是确保其健康和提高繁殖效率的关键。以下是一些关于岩鹰鸡种公鸡饲养管理的要点。

1. 选择和培育

选择健康、体形良好的种公鸡，并进行适当的培育。在育雏期，应确保种公鸡的体重和营养达到标准，以促进其健康成长。

2. 饲养环境

岩鹰鸡种公鸡喜欢温暖、湿润的环境，其适宜的温度范围为：雏鸡26～35℃，成年鸡15～25℃。饲养场的排水要良好，防止积水。为了保证岩鹰鸡的健康成长，饲养场应保持清洁卫生，及时清理饮水器和饲料器并定期消毒。

3. 饲料管理

岩鹰鸡种公鸡的饲料主要包括粮食、豆粕等植物性饲料，以及蛋白质、维生素等营养补充剂。饲养者可以根据岩鹰鸡种公鸡的需求，选择适宜的饲料配方。在饲养过程中，要保证饲料的新鲜和卫生，定期更换饲料，避免饲料变质。

4. 健康管理

定期检查岩鹰鸡种公鸡的健康状况，及时发现并隔离患病鸡。定期进行消毒和预防性驱虫，可以有效防控岩鹰鸡的疾病。

5. 繁殖管理

在繁殖期，应注意控制种公鸡的体重，避免体重过大，影响其繁殖能力。同时，要保证种公鸡有足够的运动空间，以增强其体能和繁殖活力。

6. 记录和监测

详细记录种公鸡的生长、健康和繁殖数据，如体重、采精量、精液 pH

等，以便及时调整饲养管理策略。定期监测种公鸡的精液质量，确保其繁殖能力。

（二）为岩鹰鸡种公鸡提供适宜的环境条件

1. 选择合适的农场

农场应位于干燥、排水良好、通风条件好、阳光充足、水源充足、无污染源的地区。农场的面积应足够大，以确保岩鹰鸡种公鸡有足够的运动空间。

2. 提供足够的运动空间

岩鹰鸡种公鸡需要大量的运动空间来保持其肌肉强健和骨骼健康，这对于它们的繁殖能力至关重要。应确保鸡舍内部有足够的空间供它们活动，并提供室外运动场，让它们可以自由飞翔和探索。

3. 进行必要的环境丰富工作

除了物理空间外，岩鹰鸡种公鸡还需要丰富的环境刺激物来保持其活力和繁殖能力。可以通过种植树木、灌木和草地来模拟自然环境，提供遮蔽处和觅食区域。

4. 保持合理的饲养密度

在繁殖过程中，饲养密度应根据不同的生长阶段进行调整，以确保岩鹰鸡种公鸡有足够的活动空间和良好的通风条件。

5. 保持环境卫生

保持农场环境卫生是岩鹰鸡种公鸡养殖的重要环节。定期清理场地、消毒鸡舍、饮水机等设施，以减少疾病的发生，创造一个健康的生活环境。

（三）岩鹰鸡种公鸡的饲料成分

岩鹰鸡种公鸡的饲料应该包含以下几个主要成分：

1. 能量饲料

能量饲料是岩鹰鸡种公鸡饲料的基础，主要包括玉米、小麦、大麦等谷物。它们富含碳水化合物，可满足种公鸡每日 12～13 兆焦的能量需求。

2. 蛋白质饲料

蛋白质饲料是岩鹰鸡种公鸡生长发育和维持正常生理功能的重要营养物质。植物蛋白主要来源于豆粕，动物蛋白主要来源于鱼粉。

3. 矿物质和维生素

矿物质和维生素是岩鹰鸡种公鸡饲料中不可或缺的营养物质，其对骨骼发育、血液凝固和神经系统正常功能的发挥至关重要。

4. 粗纤维

粗纤维有助于岩鹰鸡种公鸡的消化系统健康，可以在饲料中添加少量的粗纤维饲料，如麦麸、豆饼等。

5. 添加剂

在某些情况下，可能会添加一些特殊添加剂，如抗氧化剂、酶制剂等。

请注意，具体的饲料配方可能需要根据岩鹰鸡种公鸡的年龄、生长阶段和环境条件进行调整。在实际饲养过程中，建议咨询兽医或专业的饲料供应商，以获得最适合岩鹰鸡种公鸡的饲料配方。目前岩鹰鸡种公鸡的常用饲料配方为：玉米 58%，豆粕 22%，麸皮 8%，鱼粉 8%，石灰石 2%，磷酸氢钙 2%。

第二节　商品鸡的饲养管理

一、育雏期的饲养管理

（一）育雏前的准备工作

1. 育雏前准备步骤

育雏前的准备工作对于雏鸡的生长发育十分重要。

（1）制订育雏计划　根据鸡舍条件和生产需求，制订详细的育雏计划，包括育雏批次、数量，以及时间和物质安排。

（2）育雏舍及用具准备　育雏舍应保持适宜的温度（25～35℃）、良好的通风、合适的湿度、适度的光照，并定期检查维修，确保无漏雨、无裂缝、无贼风。提前准备并消毒好育雏用具，包括育雏箱、料槽、饮水器等。

（3）育雏舍两次消毒与预热测试　育雏舍必须经过彻底的清洗和一次熏蒸消毒，2 周后再进行一次喷雾消毒。育雏前 2 天，应将育雏器、育雏笼及育雏室内的温度升到标准温度 28℃以上，进行保温测试。

（4）饲料与药品准备　准备营养全面、易于消化的雏鸡饲料（7 天的用量），并准备好常用的药品和疫苗，如新城疫疫苗等。

（5）环境控制　育雏期间，应密切监控育雏舍的温度、湿度和通风状况，确保环境适宜雏鸡生长。

（6）人员培训　育雏人员应接受专业培训，熟悉育雏技术，熟悉设备的操作使用和应急处理措施。

2. 正确设置岩鹰鸡育雏舍的温度和湿度

（1）岩鹰鸡育雏舍的温度设置建议

①初始温度　育雏的最初几天，温度应设定在32～35℃，以帮助雏鸡适应新环境并维持体温。

②逐步降温　随着雏鸡的成长，每周应逐渐降低温度，从35℃直到达到25℃左右。

③稳定温度　在整个育雏期间，温度应保持稳定，避免剧烈波动，以免影响雏鸡的健康和发育。

（2）岩鹰鸡育雏舍的湿度设置建议

①适宜湿度范围　育雏舍的湿度应保持在60%～70%，这有助于防止雏鸡脱水或因过度潮湿引起疾病。

②湿度调节　可以通过增加舍内湿度（如挂湿帘、地面洒水等）或降低湿度（如加强通风换气等）来调节湿度。

③湿度监控　使用湿度计定期检查育雏舍的湿度水平，确保其处于适宜范围内。

（3）注意事项

①温度和湿度的控制应根据雏鸡的年龄、健康状况和外部环境条件进行适当调整。

②定期检查和维护育雏舍的设备，确保其正常运行，以保证温度和湿度的准确控制。

③观察雏鸡的行为和生理反应，作为调整温度和湿度的依据。

3. 育雏期常见疾病及其预防措施

育雏期是养鸡过程中非常关键的阶段，这个时期的雏鸡免疫系统尚不健全，容易受到各种疾病的侵袭。以下是一些育雏期常见的疾病及其预防措施：

（1）鸡白痢　鸡白痢是由鸡白痢沙门氏菌引起的传染病，主要通过粪便和食物传播。预防措施包括：

①选择健康的种鸡。

②加强饲养管理。

③减少鸡白痢沙门氏菌的传播。

④定期清扫鸡舍并消毒饲料槽和水槽等，杀灭病原体。

（2）脐炎　脐炎是雏鸡在孵化过程中由于大肠杆菌等细菌感染而引起的脐部炎症。预防措施包括：

①严格消毒孵化器、育雏室及所有相关用具，杀灭可能携带的大肠杆菌等病原体。

②饲养人员及相关工作人员在进入育雏区前应进行严格消毒，防止人为造成的交叉感染。

③加强雏鸡的日常护理，保持脐部干燥清洁，避免感染。

（3）脱水　脱水是由于雏鸡饮水不足或环境温度过高导致的。预防措施包括：

①确保雏鸡有足够的饮水，在雏鸡出现脱水症状初期立即用滴管逐只滴喂5%的葡萄糖溶液，以补充能量和水分。

②水槽中应始终有充足的饮水，让雏鸡随时能够自由饮水。

（4）其他疾病　如新城疫、慢性呼吸道病、传染性支气管炎等，其预防措施包括维持舍温稳定、改善饲养管理、定期消毒、接种疫苗等。

综上所述，育雏期的疾病预防措施主要集中在选择健康种鸡、加强饲养管理、保持环境卫生、定期消毒、提供充足饮水和均衡营养等方面。通过这些措施，可以有效地减少育雏期疾病的发生，保证雏鸡的健康成长。

4. 育雏期间雏鸡的饮水和饲料管理

（1）雏鸡的饮水管理　在雏鸡出壳后的 24 小时内，应立即提供清洁的饮水，有条件的，应该提供温水，以帮助其补充在孵化过程中丢失的水分，并促进卵黄的吸收。在饮水后 3 小时左右，可以开始提供饲料。

确保雏鸡随时都能获得清洁、新鲜的饮水。在育雏初期，可以使用真空饮水器，随着雏鸡的成长，逐渐过渡到使用乳头饮水器或水槽。水线的高度应根据雏鸡的日龄进行调整，以确保它们能够轻松饮水。

（2）雏鸡的饲料管理　饲料的选择应根据雏鸡的年龄和生长阶段来定，早期需要高蛋白质、高能量的饲料，随着雏鸡生长可以逐渐降低饲料中的蛋白质和能量水平。定期检查和补充饲料，确保饲料的新鲜度和营养价值。

（3）注意事项　在育雏期间，应密切观察雏鸡的饮水和进食情况，及时调整饲料和饮水的供给。此外，饲料的存放要注意避光、通风、干燥、防潮、防虫蛀，并远离水源。

（二）雏鸡的选择和运输

1. 岩鹰鸡雏鸡的选择

在选择岩鹰鸡雏鸡时，应优先考虑健康、能自然站立、叫声响亮的雏鸡，手握雏鸡时感到雏鸡身体饱满有劲，挣扎有力，雏鸡的喙、眼、腿、翅等无畸形，大小均匀，体重符合品种标准。

2. 岩鹰鸡雏鸡的运输

运输雏鸡时，应注意以下几点：

（1）运输时间　应在雏鸡羽毛干燥后开始到出壳 36 小时内结束，如果长途运输雏鸡，不能超过 48 小时。在冬季等寒冷季节运输雏鸡时，应选择中午气温较高的时间运输，在夏季应选择早晚天气凉爽的时间运输雏鸡。

（2）运输工具　一般使用专门设计的塑料鸡苗箱或者纸质鸡苗箱。

①塑料鸡苗箱　通常由聚丙烯原料制成，具有良好的耐高温、耐低温、耐酸碱腐蚀和抗冲击性，同时还具备食品级认证，确保了运输过程中的卫生安全。塑料鸡苗箱的设计通常为网格状长方体结构，内部分为多个格，这样的设计有助于减少雏鸡在运输过程中因为挤压而受伤的风险。此外，一些箱子的底部还设有小孔，以增强通风效果，保持适宜的温度和湿度，减少雏鸡的死亡。

在选择塑料鸡苗箱时，应考虑其尺寸、重量和承重能力。一般来说，鸡苗箱的尺寸应该能够容纳适量的雏鸡，同时还要考虑到运输车辆的空间限制。鸡苗箱不宜过重，以免增加运输成本。承重能力则直接关系到能否安全地运输雏鸡。

常见塑料鸡苗箱的尺寸有 690 毫米×495 毫米×140 毫米和 690 毫米×495 毫米×160 毫米两种，可以适应不同数量的雏鸡运输需求。

②专用的纸质鸡苗箱　规格为长 50～60 厘米，宽 40～45 厘米，高约 20 厘米。鸡苗箱内部分为 4 个小格，每个小格可放 25 只雏鸡。鸡苗箱底部应平且柔软，且保证箱子不变形。

总的来说，塑料鸡苗箱的优点是轻便、耐用、安全和环保，可以反复使用，缺点是初期投入成本较高，纸质鸡苗箱适合一次性运输，这两种材质的鸡苗箱都是运输岩鹰鸡雏鸡的理想选择。

（3）运输过程中的环境控制　在运输岩鹰鸡雏鸡的过程中，有效的环境控制对于确保雏鸡的健康和生存率至关重要。以下是一些关键的环境控制措施：

①温度控制　雏鸡对温度非常敏感，因此在运输过程中必须保持恒定的温度。通常，雏鸡的理想运输温度范围为 32～35℃。应使用保温箱或专用的运输车辆，并配备加热设备，以维持适宜的温度。

②通风　良好的通风可以有效去除雏鸡呼出的二氧化碳和其他有害气体。应确保运输容器有足够的通风孔，以便新鲜空气可以流通，同时防止冷风直接吹在雏鸡身上。

③湿度控制　适当的湿度有助于维持雏鸡的舒适感。过于干燥或潮湿的环境都可能导致雏鸡的不适。可以通过使用湿度调节器或在运输容器中放置吸湿材料来控制湿度，建议湿度不超过 65％。

④光照控制　适量的光照对雏鸡的生长和健康有益。在运输过程中，可以通过使用遮光布或调节窗户的透光量来控制光照，避免强烈的直射阳光。

⑤噪声控制　过度的噪声可能会引起雏鸡的应激反应，影响它们的食欲和生长。应尽量减少运输过程中产生的噪声，如使用隔音材料包裹运输车辆。

⑥卫生控制　运输车辆和工具必须保持清洁，以防止病原体的传播。在装载雏鸡之前，应对车辆进行彻底的消毒，并在运输过程中定期检查雏鸡的健康状况。

3. 岩鹰鸡雏鸡健康和活力的判断

判断岩鹰鸡雏鸡是否健康和有活力，可以从以下 5 个方面入手：

(1) 外观观察　健康的雏鸡羽毛完整且被毛有光泽、无污物，体重适中，活泼好动，两脚自然站立稳健。

(2) 行为观察　健康的雏鸡在喂食时表现活泼好动，食欲旺盛。如果雏鸡垂头站立不稳，甚至头拖地，翅下垂，显得疲惫不堪，则可能是健康状况不佳。

(3) 触觉检查　将雏鸡握在手中，感到有适当的挣扎感，有一定的力量，则该雏鸡健康。如果雏鸡体重轻，手感无膘发凉、挣扎无力，则可能是健康状况不佳。

(4) 听觉检查　健康的雏鸡叫声响亮而清脆；弱雏叫声嘶哑微弱，或鸣叫个不停。

（5）粪便观察　健康雏鸡排出的粪便呈条状或团状，并有少量的尿酸盐，在粪便的末端形成白尖。如果粪便稀薄如水，或混有血液、黏液、灰白色假膜，或颜色异常者，均为病态，要立即采取措施。

通过上述观察和检查，可以较为准确地判断雏鸡的健康和活力状况。如果发现雏鸡有异常迹象，应及时进行处理，以确保鸡群的整体健康。

岩鹰鸡雏鸡

二、育成期的饲养管理

（一）育成鸡的饲养与疾病预防

1. 饲养环境

岩鹰鸡适宜在凉爽、湿润的气候条件下生活，饲养环境应保持干燥、通风良好，避免强光照射。在规模化养殖时，鸡舍应安装自动化换气系统，以保持舒适的饲养环境。如果条件允许，可以在养殖区域内合理规划鸡舍外的空地，建立充足的草地，使岩鹰鸡可以适度奔跑，释放天然习性。

岩鹰鸡育成期的温度范围为 18～21 ℃。这个温度范围有助于确保岩鹰鸡舒适地成长，同时避免因温度过高或过低而影响其饲料报酬率和生长发育。如果舍内温度超过 27 ℃或低于 16 ℃，可能会对岩鹰鸡产生不利影响，因此需要进行相应的温度调节。

2. 饲料营养

在岩鹰鸡育成期，推荐使用全价饲料，因为全价饲料中营养物质较为全面，可以更好地满足岩鹰鸡的生长发育需要。饲料的投喂应定时定量，合理安排饲喂间隔与次数，避免饥饱不均或频繁进食引起消化问题。

3. 饲养密度

育成期的饲养密度要适中，密度过大会导致鸡群拥挤，采食不均，均匀度差，密度过小则不经济，保温效果差。因此，育成期内要有合理的饲养密度。例如，岩鹰鸡在8～12周龄时，每平方米饲养10～12只；13～18周龄时，每平方米饲养7～8只；19～20周龄时，每平方米饲养6～7只。

岩鹰鸡网上平养适宜的饲养密度

4. 疾病预防

岩鹰鸡在生长发育过程中会受到一些疾病的困扰，因此需要定期检查与预防。同时要注意饲料的卫生和新鲜度，避免由于饲料问题引发疾病。定期进行消毒和预防性驱虫，可以有效防控岩鹰鸡的常发疾病。此外，还需要注意按计划进行疫苗接种，以提高鸡的免疫力，预防疾病的发生和传播。

附 疫苗接种

育成期的岩鹰鸡需要接种多种疫苗，以预防不同的疾病。常见的疫苗包括新城疫疫苗、传染性支气管炎疫苗、传染性法氏囊病疫苗等。接种方法通常包括滴鼻点眼法、饮水法、肌内或皮下注射法、气雾法等。

（二）岩鹰鸡育成鸡的生长发育情况监管

1. 生长发育性能的测定

岩鹰鸡育成鸡的生长发育性能可以通过测定日增重来评估。日增重是指从出壳到上市屠宰时的体重差除以日龄。此外，饲料利用效率也是衡量生长性能的重要指标，可以通过料肉比或转化率来计算。一般岩鹰鸡的日增重为10～18克，日增重较低。

2. 体重控制

体重控制是育成鸡管理的关键环节。通过定期称重，可以根据鸡群实际平均体重与育种公司体重标准之间的差异，调整采食量或饲料营养标准，使鸡群尽可能沿着育种公司提供的体重标准生长曲线生长。

3. 光照管理

光照对育成鸡的生长发育有显著影响。一般情况下，育成鸡的光照时间应逐渐增加，以促进其生长和发育。然而，在育成中后期，由于生殖系统加速发育，需要限制光照，以避免早产。

4. 饲料和营养

饲料和营养是影响育成鸡生长发育的另一个重要因素。育成鸡的饲料配方应根据其生长阶段和营养需求进行调整。例如，7～14周龄时，饲料中粗蛋白质含量应达到15%，代谢能为11.49兆焦/千克；15～20周龄时，蛋白质含量应为13%，代谢能为11.28兆焦/千克。

5. 健康管理

健康管理是确保育成鸡顺利生长的基础。除了定期接种疫苗外，还需要加强日常卫生管理，包括清扫雏舍、更换垫料、通风换气、降低密度、严格遵守消毒制度等。

（三）岩鹰鸡育成鸡的生长性能评估方法

1. 体重增长评估法

体重是评估育成鸡生长性能的直接指标。通过定期测量鸡只的体重并计算日增重，可以了解鸡只的生长速度是否达到预期。在理想的情况下，鸡只的日增重应该稳定，并且在整个育成期内逐渐增加。

2. 饲料转化率

饲料转化率是指鸡只体重增长与消耗饲料量的比率。较高的饲料转化率意味着鸡只更有效地利用饲料，这对于降低养殖成本和提高经济效益非常重要。岩鹰鸡的饲料转化率大约为每千克饲料转化 220 克肉，属于较低水平。

3. 死亡率

死亡率是评估育成鸡生长性能的另一个重要指标。较高的死亡率可能指示管理不当或疾病问题。通过记录育成期内的死亡数量，并与其他指标一起分析，可以评估整体的养殖效果。

三、育肥期的饲养管理

在岩鹰鸡育肥阶段（12 周龄之后），应提供高能量、高蛋白质的饲料，如玉米、豆粕、鱼粉等，并适当添加油脂或油菜籽粕等高能量饲料成分，以提高饲料的能量水平。此外，还可以使用一些具有调节鸡肠道菌群、促进消化吸收功能的添加剂，帮助岩鹰鸡更好地生长。

岩鹰鸡育肥期的饲料配方应当注重营养均衡，以支持其快速生长和良好的健康状态。以下是一些推荐的育肥期饲料配方：

配方一：玉米 61.6%，豆粕 21.3%，麦麸 14.2%，磷酸氢钙 1.2%，石粉 1.1%，食盐 0.3%，维生素添加剂 0.1%，矿物质添加剂 0.1%，复合益生菌 0.1%。

配方二：玉米 60.6%，豆粕 17.2%，麦麸 14.3%，鱼粉 1%，菜籽粕 4%，磷酸氢钙 1.2%，石粉 1.1%，食盐 0.3%，维生素添加剂 0.1%，矿物质添加剂 0.1%，复合益生菌 0.1%。这些配方中包含了必需的能量来源（玉米）、蛋白质来源（豆粕、鱼粉）、纤维来源（麦麸、菜粕），以及必要的矿物质和维生素。在实际应用中，根据当地的饲料资源和价格进行适当调整，以确保成本效益最大化。同时，定期监测鸡只的生长状况和健康状况，以便及时调整饲料配方。

育肥期的岩鹰鸡需要适宜的环境来保证其生长发育。通过实时监测鸡舍内的温度、湿度、有害气体浓度、光照强度等环境参数，可以及时发现并调整不适宜的环境条件。同时，要保持鸡舍的清洁卫生，定期进行消毒，并及时清理饮水器和饲料器。

四、产蛋期的饲养管理

（一）岩鹰鸡产蛋鸡的饲料营养

对于岩鹰鸡产蛋鸡的饲料，相比于标准饲料主要补充少量蛋白质、维生素 D 和磷。在饲养过程中，要保证饲料的新鲜和卫生，定期更换饲料，避免饲料变质。

（二）岩鹰鸡产蛋鸡的产蛋规律

岩鹰鸡的产蛋周期为 90～120 天，具体时间会受到饲养条件和饲料的影响，散养条件下一般 3 天左右产一枚蛋，产蛋量受营养水平和产蛋环境影响较大。

（三）岩鹰鸡产蛋鸡的疾病防治

1. 岩鹰鸡产蛋鸡的日常防病措施

（1）保持鸡舍的清洁是预防疾病的关键。应定期清理鸡舍，减少病原菌的滋生。

（2）保持鸡舍适宜的温度、湿度和通风，避免过度拥挤，减少应激反应，有助于维护鸡的健康。

（3）彻底消毒鸡舍，可以有效控制鸡病发生。

（4）提供营养均衡的饲料，避免营养过剩或不足，保证鸡只健康生长。饲料中应含有足够的蛋白质、矿物质、维生素，能量水平适宜。

（5）根据当地疫病和疫苗接种计划，对鸡群进行相应的疫苗接种，以提高鸡只的免疫力，预防传染病的发生。

（6）定期监测鸡群的健康状况，及时发现并隔离病鸡，进行诊断和治疗。

早期诊断和治疗可以有效减少疾病的传播和经济损失。

（7）定期进行寄生虫防治，使用驱虫药物，如阿苯达唑等，以减少寄生虫病的发生。

（8）对新引进的鸡进行严格的检疫和隔离等。

2. 岩鹰鸡发病后的紧急处理措施

（1）隔离病鸡　首先，应迅速将病鸡与其他健康鸡隔离，以减少病原体传播的风险。隔离区域应设立明显的警示标志，并采取有效措施防止病毒扩散。

（2）诊断和治疗　对疑似病例进行快速诊断，以确定感染的病原体种类。根据诊断结果，采用药物治疗方法或其他针对性治疗方法。对于某些病毒性疾病，如新城疫，需要使用疫苗进行紧急接种。

（3）消毒和清洁　对鸡舍、设备及周围环境进行彻底的清洁和消毒，以杀灭病原体并阻断传播途径。使用高效、低毒、低残留的消毒剂，并按照说明书使用。

（4）监测和评估　在隔离、治疗和消毒之后，应对鸡场进行评估，以确定是否仍存在病原体传播的风险。同时，应继续定期监测鸡群的健康状况，并做好预防措施。

五、日常管理工作

（一）养殖场地的卫生消毒

1. 岩鹰鸡养殖场地的卫生消毒

岩鹰鸡养殖场地的卫生消毒是确保鸡只健康成长的重要环节。消毒方法如下：

（1）物理消毒法

①热力消毒法　如干热消毒法、煮沸消毒法、高温、高压或流动蒸汽消毒法、火焰消毒法等。这些方法能够使病原体蛋白凝固变性，失去正常代谢机能。

干热消毒法：一些用具可以放在烘干箱内进行干热消毒。

煮沸消毒法：一些用具可以放入水中煮沸消毒。

高温、高压或流动蒸汽消毒法：利用高热、高压或流动蒸汽杀死鸡舍四壁、设备和工具上的病原菌。

②紫外线消毒法　利用紫外线的杀菌能力，对鸡舍进行消毒。太阳光谱中的紫外线具有较强的杀菌能力，一般病毒和非芽孢的菌体，在直射的阳光下只需几分钟到几小时就能被杀死。

（2）化学消毒法　使用化学消毒剂（如福尔马林、过氧乙酸等），通过化学反应杀灭病原体。

①消毒剂的选择

A. 福尔马林：适用于鸡舍、仓库、孵化室及设备消毒，还可用于雏鸡种蛋的消毒。

B. 过氧乙酸：是一种广谱性杀菌剂，对细菌、病毒、霉菌等有杀灭作用。

C. 火碱：对细菌、病毒和寄生虫卵有很强的杀灭作用，常用于鸡场或鸡舍的出入口消毒池和地面、墙壁、运输工具的消毒。

②注意事项

A. 在使用消毒剂时，应遵循正确的浓度和使用方法，以确保消毒效果。

B. 消毒后，应确保鸡舍内部充分通风，以排除残留的有害气体。

2. 根据季节变化调整岩鹰鸡养殖场地的消毒频率

（1）春季消毒　随着春季气温回暖，病原微生物开始活跃，因此应加大消毒力度。建议每周进行1～2次带鸡消毒，并在鸡舍内使用对鸡只刺激性小的消毒剂。

（2）夏季消毒　夏季气温高，病原微生物繁殖迅速，是疾病高发季节。应加大消毒强度，每周至少消毒一次，使用广谱高效消毒剂。

（3）秋季消毒　秋季天气渐凉，但仍需注意消毒，以防止病原体在温暖的鸡舍内部存活。建议每周进行1～2次带鸡消毒，并注意通风干燥。

（4）冬季消毒　冬季寒冷，但病原微生物仍然活跃。应在温度较高的时候进行带鸡消毒，建议每周进行1～2次。

3. 岩鹰鸡养殖过程中需要特别关注卫生消毒的区域

在岩鹰鸡养殖过程中，以下几个区域需要特别关注卫生消毒：

（1）鸡舍内部　鸡舍是鸡只生活的主要场所，其地面、墙壁、天花板，以及内设的鸡笼、食槽、水槽等设备区域容易积累细菌和寄生虫，需要定期进行彻底的清扫和消毒。

（2）鸡舍外部　鸡舍外部的地面、围栏、门廊等也需要定期消毒，以防止病原体从外部环境传入鸡舍。

（3）饲料储存区　饲料储存区需要保持干燥、通风，定期清理，并进行消毒。

（4）废弃物处理区　鸡粪和病死鸡是潜在的传染源，需要妥善处理。建立专门的废弃物处理区，定期清理和消毒，防止病原体通过废弃物传播。

（二）鸡群的巡视和观察

1. 岩鹰鸡鸡群的巡视和观察

在日常管理中，加强鸡群巡视，观察鸡群状况，可以及时发现饲养环境中存在的问题，改善鸡舍小环境。通过了解鸡群生长发育情况，及时调整饲养管理措施。

（1）鸡舍日常巡视　在鸡舍巡视时，应关注鸡舍的温度、卫生、刺激性气味、饮水供应等情况。鸡舍温度适宜、干净整洁、空气流通顺畅、无刺激性气味、水质清洁且供应充足，是保证鸡群生产的首要条件。

（2）鸡群观察方法　日常观察主要包括看指标、听声音、观察鸡群体貌三个方面。

看指标：健康鸡增重正常，均匀度好，产蛋率上升或保持稳定，蛋品质好，蛋形及蛋壳颜色正常；非健康鸡增重缓慢，甚至体重下降，均匀度差，产蛋高峰低或者下降快，蛋壳的颜色不正常，软皮蛋、薄皮蛋、沙皮蛋、畸形蛋增多。

听声音：正常鸡群在开灯时鸣叫声清脆、响亮，夜间鸡舍内非常安静；患病鸡群在开灯时叫声嘶哑，夜间听声音有打喷嚏、咳嗽声、呼噜声、怪叫声。

观察体貌：正常鸡只羽毛光亮、柔滑，羽毛及翅膀紧贴全身，鸡冠鲜红挺立，肉髯鲜艳红润，眼睛大而有神，鼻孔干净，无鼻液流出，口腔不流涎，颈部伸缩自如，嗉囊匀称且无积液，腹部柔软且富有弹性，肛门黏膜呈肉色，周围羽毛干净，脚爪鳞片有光泽。

2. 岩鹰鸡健康状况的行为特征判断

通过观察岩鹰鸡的关键行为特征来判断健康状况。以下是一些关键的行为特征：

（1）精神状态　健康的岩鹰鸡活泼、好动，对外界刺激敏感，反应迅速。如果岩鹰鸡表现精神萎靡不振、反应迟钝，可能是健康状况不佳的信号。

（2）饮食习惯　健康的岩鹰鸡食欲旺盛，进食时积极主动。如果岩鹰鸡食欲减退，对食物反应冷淡，可能是消化系统出现问题。

（3）排泄物　正常情况下，岩鹰鸡的粪便成形，颜色和质地正常。如果粪便颜色、质地异常，如过于稀薄、带有血丝或颜色异常，可能是消化系统或泌尿系统出现问题。

（4）呼吸　健康的岩鹰鸡呼吸平稳，没有异常声音。如果出现喘息、咳嗽或呼吸困难，可能是呼吸系统受到感染。

（5）羽毛状况　健康的岩鹰鸡羽毛光滑、整齐，没有破损或脱落。如果羽毛蓬乱、失去光泽，可能是营养不良或皮肤病的迹象。

（6）活动范围　健康的岩鹰鸡活动自如，不局限于特定区域。如果岩鹰鸡长时间停留在同一位置，可能是不适或生病的表现。

（三）养殖记录的填写和保存

1. 岩鹰鸡养殖记录的填写

（1）引种记录　记录岩鹰鸡的引进时间、数量、来源及检疫合格证明编号等信息。

（2）鸡群异动记录　记录岩鹰鸡的出生、调入、调出、死亡等情况，以及相应的日期和栏舍号。

（3）销售记录　记录销售鸡数量、日期、畜禽标识编码、检疫合格证明编号等信息。

（4）消毒记录　记录消毒的日期、对象、使用的药物名称、使用浓度和用量、消毒方法等。

（5）免疫记录　记录免疫接种的日期、疫苗名称、生产厂家、批号、失效日期、免疫方法、免疫剂量等。

（6）饲料、饲料添加剂使用记录　记录饲料的名称、生产厂家、批号或生产日期、使用日期、使用数量等。

（7）兽药使用记录　记录用药日期、兽药名称、生产厂家、批准文号、用药量、休药期等。

（8）诊疗记录　记录发病日期、栏舍号、发病数量、畜禽标识编码、发病原因、用药名称、诊疗方法等。

（9）病死畜禽无害化处理记录　记录死亡日期、处理方法、处理人员等。

2. 岩鹰鸡养殖记录的保存

（1）保存时间　商品鸡的养殖记录应保存至少2年，而种鸡的记录应长期保存。

（2）保存方式　记录应妥善保管在养殖场，由专人负责管理，以防丢失或损坏。

（3）信息可追溯　所有记录应做到客观真实、规范清晰，以便在需要时能够迅速追溯到具体的生产环节。

3. 建立有效的岩鹰鸡养殖记录体系

（1）确定记录内容　鸡的来源、种类、数量、生长情况、饲料投喂、疫病防控、用药情况、经济指标等。

（2）选择记录方式　记录方式可以是纸质记录方式或电子记录方式，可分别形成纸质档案或电子档案。纸质档案应采用防潮、防火、防虫等措施，保证其安全性。电子档案应采取数据备份和加密措施，确保信息的真实性和安全性。

（3）建立记录管理体系　设立记录管理体系，明确记录内容和格式要求，制订详细的记录表格和格式，明确责任人员及操作流程。

（4）定期更新和维护　保持数据的及时性和准确性，确保数据质量，减少数据错误率，防止信息遗漏。

（5）数据分析和应用　记录数据是宝贵的资源，通过数据分析可以更好地了解岩鹰鸡的生长状况、繁殖特性等，为选种和配种提供科学依据。

（6）培训和教育　对养殖人员进行培训，确保他们理解记录的重要性，并能够正确执行记录工作。

（7）审核和监督　定期对养殖记录进行审核和监督，确保记录的准确性和完整性。

4. 岩鹰鸡养殖中需要定期记录的关键数据

（1）环境监测数据　包括鸡舍内的温度、湿度、有害气体浓度、光照强度等环境参数，这些数据对于维持鸡群的最佳生活环境至关重要。

（2）生长发育数据　记录每只鸡的体重、体长等生长指标，以及它们的生长速度和健康状况。

（3）繁殖管理数据　包括母鸡的生长发育、发情表现、产蛋周期等繁殖信息，以及配种记录、孵化数据等。

（4）饲料消耗数据　记录鸡的饲料消耗情况，包括饲料类型、饲养期间的饲料量等信息。

（5）疾病防控数据　记录鸡群中发生的疾病情况，包括患病鸡的编号、症状、治疗方法等信息。

（6）经济效益数据　记录鸡场的经济效益数据，包括饲料成本、产蛋收入、生产成本等信息。

（7）健康监测数据　包括疫苗接种情况、疾病发生率等，通过追踪健康数据，管理者可以及早发现潜在的健康问题并采取预防措施。

（8）管理决策依据数据　产蛋记录表可提供数据支持，有助于管理者做出各种管理决策，如调整饲料配方、改变繁殖策略、调整环境条件等，以最大限度地提高鸡场的经济效益。

（9）遗传改良数据　通过长期记录和分析产蛋数据，鸡场管理者可以识别高产鸡，为遗传改良提供有用的信息。

（10）追溯数据　记录表可提供肉蛋的追溯数据，有助于跟踪每批肉、蛋的来源和生产历史。

（11）合规性和监管要求数据　记录表的维护有助于鸡场符合监管和合规性要求。

第九章 岩鹰鸡疾病防控

第一节 鸡场生物安全

一、鸡场生物安全措施的重要性

鸡场生物安全是指通过一系列综合性控制措施，将可传播的传染性疾病、寄生虫和害虫排除在外，确保鸡群能够发挥出最大的遗传潜力。生物安全措施有助于减少疾病的发生，提高鸡群的健康水平，从而提升生产效率和经济效益。此外，生物安全措施对于保障鸡肉品质和公共卫生安全非常重要。

二、鸡场的免疫接种策略

1. 疫苗的选择

根据鸡场所在地区的疫病流行特点和鸡群的实际情况，选择合适的疫苗种类和免疫程序。例如，马立克氏病和禽流感两种疫苗，国家规定必须接种，免疫程序主要以注射为主；部分地区因为气候条件等原因几乎不会发生传染性支气管炎，所以就不用接种传染性支气管炎疫苗。

2. 疫苗的使用方法

疫苗的使用方法包括滴鼻、点眼、饮水、喷雾、肌内注射等，不同的疫苗和不同的免疫途径会产生不同的免疫效果。例如，新城疫滴鼻、点眼的免疫效果通常优于饮水免疫。

3. 免疫程序的制订

免疫程序的制订应基于科学研究和实践，充分考虑疫病的流行特点、疫苗

注射接种疫苗

的保护效果、鸡群的免疫状态等因素，确保免疫程序的科学性。

4. 免疫接种的时间

免疫接种的时间应根据疫苗的特性和鸡群的生长阶段来确定，以确保疫苗能够在最佳时期发挥作用。根据岩鹰鸡的生长阶段和当地的疾病流行情况，可以在 1 日龄时接种马立克氏病液氮苗，在 7 日龄时接种新城疫与传染性支气管炎二联多价冻干苗，在 14 日龄时接种传染性法氏囊病疫苗，在 21 日龄时进行第二次新城疫疫苗接种，55～60 日龄时接种新城疫Ⅰ系疫苗。

5. 免疫接种的监测和评估

免疫接种后，应密切观察鸡群的反应，及时处理可能出现的问题，并定期进行抗体水平的检测，以评估免疫效果。免疫接种前后应补充营养，如维生素 C，以减轻应激反应。

6. 疫苗的储存和运输

确保疫苗的质量，严格按照疫苗说明书进行储存和运输，避免疫苗失效或受到污染。

7. 疫苗的接种记录

详细记录每批疫苗的使用情况，包括接种日期、接种剂量、接种方式等，以便追踪和管理。

8. 应急接种计划

对于突发的疫病，应有应急接种计划，以便快速响应并控制疫病的扩散。

三、新引入岩鹰鸡的疾病预防措施

1. 源头控制

在引入岩鹰鸡之前，确保来源场拥有有效的动物防疫条件合格证和畜禽标识代码，并且种鸡场应有种畜禽生产经营许可证。此外，代育鸡场应建立专门的养殖场，并实行统一的生物安全管理体系。

2. 免疫程序

根据岩鹰鸡的年龄和健康状况，制订合理的免疫程序，并严格执行。对于新引入的岩鹰鸡，应优先考虑接种新城疫疫苗、禽流感疫苗等。

3. 质量把关

确保新引入的岩鹰鸡质量符合标准，如 7 日龄内成活率 100%，不出现沙门氏菌病，雌雄鉴别率 99%，马立克氏病保护率 98% 等。对于达不到指标要求的，应明确供方承担经济赔偿责任。

4. 环境消毒

定期对鸡舍进行彻底消毒，以消除病原体。特别是在新引入岩鹰鸡后，应加强消毒措施，确保环境安全。

5. 隔离观察

对新引入的岩鹰鸡，应在隔离区进行观察，至少持续 14d，以确保它们没有携带病原体。在此期间，应密切监控其健康状况，并进行必要的医疗干预。

6. 健康监测

定期对岩鹰鸡进行健康检查，包括体温、食欲、粪便检查等，以便早期发现并处理健康问题。

7. 应急准备

制订应急预案，以便在发现疾病时迅速采取行动，包括隔离病鸡、通知兽医、进行治疗和消毒等。

四、岩鹰鸡养殖场日常管理中的环境消毒

在岩鹰鸡养殖场日常管理中通常使用的消毒剂包括氢氧化钠、氧化钙、苯酚、甲醛溶液、过氧乙酸、氯制剂及 75％酒精等。

1. 氢氧化钠（火碱）

对细菌、病毒和寄生虫卵都有杀灭作用，常用 2％浓度的热溶液消毒鸡舍、饲槽、运输用具及车辆等，鸡舍出入口可用 2％～3％溶液消毒。

2. 氧化钙（生石灰）

一般加水配成 10％～20％石灰乳液，涂刷鸡舍的墙壁，寒冷地区常撒在地面或鸡舍出入口进行消毒。

3. 苯酚（石炭酸）

常用 2％～5％水溶液消毒污物和鸡舍环境，加入 10％食盐可增强消毒作用。

4. 甲醛溶液（福尔马林）

含甲醛 40％的溶液称为福尔马林，0.25％～0.5％甲醛溶液可用于鸡舍用具和器械的喷雾与浸泡消毒。熏蒸消毒要求室温不低于 15 ℃，湿度 70％～90％。用量如下：鸡舍每立方米用福尔马林 21 毫升，高锰酸钾 10.5 克。

5. 过氧乙酸（过醋酸）

市售商品为 15％～20％溶液，常用于环境和空栏消毒，现配现用。

6. 氯制剂

可用于地面、鸡笼、车辆、排泄物、鞋类、周围环境等消毒。可采用喷洒、浸泡、擦拭、喷雾等方式消毒，也可以用其干粉直接处理排泄物或其他污染物品。例如，次氯酸溶液可用于鸡场带鸡喷雾消毒。

7.75％酒精

可用于手、接触物体的消毒，切忌进行衣物等可燃物体喷洒消毒，也不可用于空气消毒。酒精易燃，消毒期间忌明火。

这些消毒剂的使用应遵循正确的浓度和方法，以确保消毒效果，同时避免对鸡只和工作人员造成伤害。此外，定期更换消毒剂种类和使用不同的消毒方法可以帮助防止微生物产生抗药性。

五、加强空气流通

在现代养鸡业中，加强鸡场的空气流通是确保鸡群健康和提高生产效率的关键因素之一。良好的空气流通不仅有助于维持适宜的温度、湿度，还能减少有害气体和病原体的滋生，提供清新的空气环境，有利于鸡群的生长和发育。下文将探讨如何在鸡场中加强空气流通，以改善鸡群的生活环境。

1. 设计合理的通风系统

鸡场的通风系统是确保空气流通的基础。通风系统应根据鸡舍的结构、大小、地理位置及气候条件进行合理设计。通风系统应包括自然通风和机械通风两种方式。

自然通风是利用风压差和热压差来实现空气的流通。在设计自然通风系统时，应考虑鸡舍的朝向、窗户的大小和位置等因素，使得空气能够顺畅地流入和流出。对于大型现代化鸡场，机械通风系统更为常见，它通过风扇、风机等设备强制输送新鲜空气进入鸡舍，同时排出污浊空气，确保鸡舍内的空气质量。

2. 降低鸡舍内的有害气体浓度

鸡舍内的氨气、硫化氢等有害气体会对鸡的眼睛、呼吸道产生强烈刺激，影响鸡的健康。加强通风可以有效降低这些有害气体的浓度。

3. 培养良好的通风习惯

鸡场工作人员应养成良好的通风习惯，定期通风，保持鸡舍内的空气流通。在日常管理中，应注意观察鸡群的行为和生理状态，及时调整通风措施，确保鸡群处于舒适的环境中。此外，还可以通过安装通风指示器等设备，实时监测鸡舍内的空气质量，及时调整通风策略。

4. 利用技术手段监测空气质量

随着科技的发展，利用一些先进的设备可以实时监测鸡舍内的空气质量指标，如氨气浓度、二氧化碳浓度、湿度等，及时了解鸡舍内的空气状况，为通风管理提供数据支持。同时，可以根据监测数据调整通风系统的运行模式，实现精准通风。

总结来说，加强鸡场的空气流通是一项系统工程，需要综合运用设计合理的通风系统、降低鸡舍内有害气体浓度、培养良好的通风习惯、利用技术手段监测空气质量等多方面的措施。通过这些措施的实施，可以有效改善鸡群的生活环境，促进鸡的健康生长，提高养鸡场的生产效率和经济效益。

第二节　岩鹰鸡免疫预防

一、免疫程序的步骤

1. 疫苗接种日龄的选择
根据鸡种的生理特点和疫苗的说明书，选择适宜的接种日龄。

2. 疫苗接种方法
常见的接种方法包括注射（肌内注射、皮下注射）、滴入（滴鼻、滴眼）和喷雾等。

3. 免疫程序的执行
免疫程序通常包括初免和加强免疫，以确保免疫效果的持久性。

4. 疫苗管理和记录
记录每次接种的日期、疫苗种类、剂量和接种方法等信息，以便追踪免疫效果。

5. 免疫后监测
定期监测鸡群的健康状况，及时发现并处理免疫后的不良反应。

二、影响免疫效果的因素

在岩鹰鸡免疫程序中，影响免疫效果的因素众多，主要包括以下几个方面：

1. 疫苗选择
疫苗的种类、质量、毒株选择等都会影响免疫效果。例如，应根据本地区流行细菌/病毒的菌群或血清型，选择相匹配的疫苗。

2. 疫苗处理
疫苗的运输、保存、稀释等处理方式不当，如温度波动、光照、污染等，都可能导致疫苗效力下降，进而影响免疫效果。

3. 鸡群健康状况

鸡群的健康状况，包括遗传因素、母源抗体水平、应激反应、营养状况等，都会影响免疫效果。

4. 免疫程序

免疫程序的合理性，包括接种时间、接种途径、接种剂量等，是影响免疫效果的重要因素。

5. 环境因素

温度、湿度、通风等外部环境因素，以及饲养管理水平，都会影响鸡群的免疫效果。

6. 疾病因素

鸡群是否存在其他疾病，如免疫抑制性疾病，也会影响免疫效果。

综上所述，要提高岩鹰鸡的免疫效果，需要综合考虑上述各个因素，制订合理的免疫程序，并严格执行。同时，还要注重鸡群的健康管理和环境优化，以确保免疫效果的最大化。

三、岩鹰鸡的免疫程序调整

以下是根据岩鹰鸡的特点调整免疫程序的几个关键点：

1. 了解岩鹰鸡的生理特点

岩鹰鸡长期生活在高海拔地区，部分器官的大小、功能和其他鸡种不一样，这可能影响疫苗的吸收和免疫反应的强度。因此，在制订免疫程序时，应优先考虑这些生理差异，选择能够适应岩鹰鸡免疫系统的疫苗和免疫策略。

2. 考虑岩鹰鸡的生活环境

岩鹰鸡的生活环境决定了其可能会暴露于某些特定的病原体（如霉菌、线虫、鸡球虫等），这要求有针对性的免疫程序。例如，如果岩鹰鸡常生活在潮湿环境中，那么可能需要特别关注防治某些真菌病和寄生虫病的疫苗。

3. 监测和评估免疫效果

定期对岩鹰鸡进行抗体水平检测，以评估免疫程序的效果。根据抗体水平的变化，及时调整免疫程序，确保免疫保护的持续性和有效性。

4. 疫苗的选择和使用

选择质量可靠、效果良好的疫苗，并严格按照说明书或兽医建议进行接种。

避免使用劣质或不适合岩鹰鸡的疫苗，以免引起不良反应或降低免疫效果。

5. 免疫程序的灵活性

免疫程序应具有一定的灵活性，以便根据岩鹰鸡的健康状况和外部环境的变化进行调整。例如，在疫病暴发期间，可能需要加强某些疫苗的免疫频次或接种新的疫苗。

综上所述，调整岩鹰鸡的免疫程序需要综合考虑其生理特点、生活环境、免疫效果监测及疫苗的选择和使用等多个因素。通过科学合理的免疫管理，可以有效提升岩鹰鸡的健康水平和生产性能。

第三节　岩鹰鸡常见疾病的诊断与治疗

一、岩鹰鸡常见疾病

岩鹰鸡作为一种适宜散养的土鸡品种，因生存的环境受到当地气候、人为因素影响很大，其常见疾病主要有禽流感、新城疫、沙门氏菌病、球虫病、绦虫病、蛔虫病、螨虫病和虱病等。详细的预防、治疗请见附件。

二、通过症状与病理变化分析进行疾病诊断

（一）外观观察

以球虫病为例，通过外观观察判断岩鹰鸡是否感染鸡球虫。

1. 行为变化

感染鸡球虫的岩鹰鸡可能会表现出精神不振、羽毛蓬松、缩颈呆立、食欲减退等症状。

2. 粪便观察

鸡群感染后，粪便可能会出现异常，如稀便、血便等。特别是在鸡舍潮湿的环境下，鸡球虫的卵囊会加速对鸡群的感染和传播。

3. 剖检症状

如果有条件进行剖检，可以观察到鸡盲肠或小肠内的出血点或血块，以及肠道内容物中的血水。

（二）症状表现

例如，岩鹰鸡出现厌食、消瘦时，应该首先考虑以下几种情况：

1. 疾病因素

岩鹰鸡可能患有某些疾病，如病毒性疾病（传染性支气管炎、新城疫、禽流感等）、细菌性疾病（大肠杆菌病、沙门氏菌病、传染性鼻炎等）、寄生虫病等，这些疾病会影响鸡的消化机能，影响饲料的消化吸收，从而导致鸡采食量下降和消瘦。

2. 营养因素

饲料配方不合理、适口性差、原料比例失衡、营养成分不足等，都可能导致鸡对饲料营养的转化出现障碍，采食量下降，也会影响鸡体的生长发育速度。

3. 饲养管理问题

饲养环境不良、饲料霉变、饮水被污染、料槽和水槽清理不及时等因素，都可能导致鸡群采食量下降和消瘦。此外，饲养密度过大、鸡舍通风不良、温度过高或过低等应激因素，也可能对鸡的食欲和健康状况产生不良影响。

4. 寄生虫病

寄生虫是导致鸡消瘦的主要原因之一，尤其是体内寄生虫，包括球虫、线虫、绦虫等。寄生虫会破坏鸡的肠道黏膜，影响营养物质的吸收，从而导致鸡消瘦。

5. 消化吸收不良

鸡的消化功能不良也是导致消瘦的一个重要原因。消化功能不良会影响营养物质的吸收和利用，使鸡无法正常生长发育。

针对上述可能的原因，应进行详细的检查和诊断，并根据诊断结果采取相应的治疗措施。同时，加强饲养管理，改善饲养环境，确保饲料质量，以促进岩鹰鸡的健康成长。

（三）病理变化

以绦虫病为例，岩鹰鸡患绦虫病后，其肠道会出现一系列典型的病理变化。

· 绦虫会引起鸡的小肠黏膜出现点状出血，严重时甚至可见虫体阻塞肠道。

·肠道内壁可能会出现炎症反应，导致肠黏膜增厚。

·在某些情况下，肠道内部可能会形成类似结核病灶的灰黄色小结节，这些结节中央凹陷，其中可能含有虫体或黄褐色干酪样栓塞物。这可能导致营养不良和免疫力下降。

·病程中后期鸡的脾脏和肝脏肿大，肝脏颜色变黄，并可能出现脂肪变性。部分病例还可能出现腹腔积液。

这些病理变化最终可能导致鸡的体重减轻、食欲下降、精神萎靡，甚至死亡。

三、岩鹰鸡常见疾病的治疗措施

岩鹰鸡在养殖过程中的健康状况有着重要的经济价值和社会价值。以下是一些常见疾病的治疗措施。

1. 禽流感和新城疫

禽流感和新城疫均为病毒性疫病，无特效治疗方法，应注重加强平时的预防措施，如疫苗接种等。

2. 沙门氏菌病

一般采用抗菌药物进行治疗，恩诺沙星、硫酸新霉素都是常用药。恩诺沙星，每升水添加 50～100 毫克，全天集中饮用 2 次，连用 3～5 天；拌料给药：每千克饲料添加 100～200 毫克，混匀后投喂，连用 3～5 天。硫酸新霉素，每升水添加 50～70 毫克，全天饮用，连用 3～5 天；拌料给药：每千克饲料添加 100～150 毫克，连用 3～5 天。

3. 球虫病

氯苯胍（按每千克饲料 15～20 毫克拌料，连用 5～7 天，一般仅使用 1 个疗程）、氨丙啉（按每千克饲料 125～250 毫克拌料，连用 5 天，一般仅使用 1 个疗程）、地克珠利（按每千克饲料 1～2 毫克拌料，连用 5 天，一般仅使用 1 个疗程）等抗球虫药物轮换拌料饲喂有较好的效果。

4. 绦虫病

使用阿苯达唑片，按 50～60 毫克/千克口服，连用 2～3 天，再隔 2～3 天用 1 次。

5. 蛔虫病

使用阿苯达唑片 10～25 毫克/千克，口服或者饮水，连用2～3 天。

6. 螨虫病和虱病

使用伊维菌素片 30～40 毫克/千克，口服。或者，用敌敌畏按照 1∶400 稀释后喷洒。

7. 注意事项

在诊治岩鹰鸡的疾病时，应注重环境卫生，及时清理粪便，并定期消毒、定期驱虫。请注意，实际治疗方案应根据鸡只的具体病情和兽医的建议进行调整。在实施任何治疗措施之前，咨询专业兽医是非常必要的。

10 第十章 岩鹰鸡产品的加工

第一节 屠宰加工

一、宰前处理

岩鹰鸡的宰前准备工作是确保产品质量和安全的关键环节。

(一)宰前检验

1. 检验的重要性

(1)保障食品安全 通过对岩鹰鸡的健康状况进行检查，及时发现并排除患有传染病或其他疾病的岩鹰鸡，防止病原体通过食物链传播给人类。

(2)提高产品质量 通过对岩鹰鸡的体重、肉质、蛋品质等进行评估，选择适合加工的优质原料，从而生产出高品质的鸡肉、鸡蛋制品。

(3)遵守法律法规 屠宰前的检验是履行食品安全相关法律法规责任的必要手段，有助于企业避免因违反规定而遭受处罚。

2. 检验内容

(1)外观检查 观察岩鹰鸡的外观是否正常，是否有外伤、肿块、羽毛蓬乱等异常现象。同时检查岩鹰鸡是否有精神萎靡、呼吸道异常症状等。

(2)体温测量 使用温度计测量岩鹰鸡的体温，正常体温范围一般为40～42℃。体温异常可能是疾病或应激反应的表现。

(3)呼吸检查 观察岩鹰鸡的呼吸频率和呼吸方式，正常情况下呼吸平稳，无喘息声。异常的呼吸可能表明呼吸系统存在问题。

(4)采血检查 采集血样进行实验室检测，如血液常规检测、血清学检测等，以评估岩鹰鸡的健康状况和是否携带病原体。

（二）宰前选择

选择原则：

1. 确保产品质量

通过选择健康、无疾病的岩鹰鸡，可降低鸡肉或蛋产品中有害物质的含量，提高产品质量。

2. 提高生产效率

选择体型适中、体重适宜的岩鹰鸡，可以在加工过程中减少浪费，提高生产效率。

3. 满足市场需求

根据市场需求和消费者喜好，选择适合加工的岩鹰鸡规格，以满足市场需求。

4. 来源可追溯

选择来源可靠、有良好养殖管理记录的岩鹰鸡作为加工产品的原料，确保原料的质量安全可控。

（三）宰前准备

宰前准备工作包括禁食禁水、清洁消毒及提供安静环境等。禁食禁水可以减少岩鹰鸡肠道内容物的污染，降低屠宰过程中的污染风险。清洁消毒则可以去除岩鹰鸡身上的外部污染物，减少微生物的数量，从而降低肉品受到微生物污染的风险。提供安静的环境则可以减少岩鹰鸡的应激反应，保持其在屠宰前的平静状态，有利于提高肉品的品质。

二、屠宰加工工艺

岩鹰鸡的屠宰加工工艺是一个复杂而精细的过程，涉及多个环节，从屠宰前的准备到屠宰后的处理，每一步都对产品的质量和安全有着直接的影响。采用科学合理的屠宰加工工艺，可以生产出高质量、安全可靠的产品，满足消费者的需求。

1. 宰杀

宰杀是屠宰加工的第一步，这个过程需要迅速而准确，以减少岩鹰鸡的痛苦和应激反应。常用的方法包括机械宰杀和手工宰杀两种，其中机械宰杀因其效率高、操作简便而被广泛应用。

2. 放血

宰杀后立即进行放血操作，这是为了尽快排空血液，减少血块的形成，从而改善肉品的色泽和口感。放血的部位通常选择颈部静脉，操作要迅速且干净。

3. 烫毛（脱毛）

放血后进行烫毛处理，目的是去除岩鹰鸡的羽毛。烫毛通常使用热水或水蒸气，水温控制在 60～70℃，时间约 1 分钟。烫毛后，羽毛容易脱落，方便后续的清理工作。

4. 去内脏

烫毛（脱毛）后进行去内脏处理，包括去除心脏、肺脏、肝脏、肠管等内脏器官。在去除内脏的过程中，要注意避免内脏内容物污染肉品，同时保留完整的内脏器官，以便后续的加工利用。

5. 清洗

去内脏后，对胴体进行彻底的清洗，去除残留的血液、粪便和其他污染物。可用流水冲洗。

6. 分割

根据市场需求和加工要求，对胴体进行分割。常见的分割方式包括头颈分离、胸部分离、腿部分离等。在分割过程中，要注意保持刀口整齐，避免破坏肉质结构。

7. 冷却

分割后的胴体需要进行冷却处理，以延长保质期并保持肉品的新鲜度。冷却可采用水冷或风冷的方式，温度通常控制在 4℃。冷却过程中要防止肉品受到污染。

8. 包装

应对冷却后的胴体进行包装，如真空包装、气调包装等，以保护肉品免受微生物的侵害和物理性损害。包装材料应选择符合食品安全标准的材料。

三、宰后检验

（一）宰后检验的意义

宰后检验对于保障岩鹰鸡产品质量和食品安全至关重要。一是，通过宰后检验，可以及时发现并剔除不合格产品，防止其流入市场，从而保障消费者的健康。二是，通过宰后检验，可以对岩鹰鸡产品进行全面的质量评估，为后续的加工、销售和消费提供科学依据。三是，宰后检验还是企业履行社会责任、维护品牌形象的重要手段。

（二）宰后检验的主要内容

1. 外观检查
对屠宰后的胴体进行外观检查，评估其是否符合相关标准和要求。检查内容包括外观是否整洁，是否有破损、出血点、病变等异常情况。

2. 内部检查
对胴体内部进行检查，主要是内脏器官的检查。评估内脏器官是否健康、是否有病变或异物等。

3. 微生物检测
对胴体表面和内部样品进行大肠杆菌、沙门氏菌等微生物检测，评估其微生物含量和种类，以判断其是否符合食品安全标准。

4. 药物残留检测
对胴体样品进行药物残留检测，评估其是否含有违禁药物或超标药物残留。

5. 理化指标检测
对胴体样品进行理化指标检测，如水分、蛋白质、脂肪等含量的测定，以评估其营养价值和质量等级。

（三）宰后检验的实施方法

1. 目视检查
通过肉眼观察对胴体进行初步的外观检查，评估其是否符合相关标准和要求。

2. 手工检查
对胴体进行详细的内部检查，如打开腹腔、检查内脏器官等。这一步需要专业人员进行操作。

3. 仪器检测
利用现代仪器对胴体进行微生物检测、药物残留检测和理化指标检测等。

这些检测需要专业的实验室和设备支持。

4. 采样检测

在屠宰过程中或屠宰后，对胴体的不同部位进行采样，然后送实验室进行详细的检测分析。

（四）总结

宰后检验是保障食品安全的最后一道防线。通过严格的检验程序和科学的检测方法，可以有效地筛选出不合格产品，防止其流入市场。同时，对于存在问题的产品，应迅速采取措施进行处理，并加强相关环节的管理和控制，以防止类似问题再次发生。此外，对于违反食品安全法规的行为，应依法予以惩处，以维护市场秩序和消费者权益。

总之，宰后检验是一项非常重要的工作，它对于保障食品安全和消费者健康具有重要意义。我们应该加大对岩鹰鸡产品宰后检验的监管力度，提高检验水平和技术能力，为消费者提供更加安全、健康的食品。

第二节 岩鹰鸡鸡肉的保鲜和分割冷鲜肉的加工

一、鸡肉的保鲜技术

（一）传统保鲜技术

传统的鸡肉保鲜技术主要包括低温储藏、真空包装、腌制保鲜、辐照保鲜、复合保鲜等。

1. 低温储藏

低温储藏是最基本的鸡肉保鲜方法之一。这种方法通过降低储藏温度，显著减缓细菌的生长速度，延长鸡肉的保鲜期限。冷藏（－4℃）和冷冻（－18℃以下）是两种常见的低温储藏方式。

2. 真空包装

真空包装是通过抽除包装内的空气，减少氧气含量，从而抑制需氧微生物的生长，达到保鲜的目的。真空包装不仅可以延长鸡肉的保质期，还能保持其原有的风味和口感。

3. 腌制保鲜

腌制是利用盐、糖、酸、香料等物质，通过渗透压和抑菌作用，延长鸡肉的保质期。腌制液中的防腐剂和抗氧化剂还可以抑制微生物的生长和氧化反应，进一步延长保鲜期。

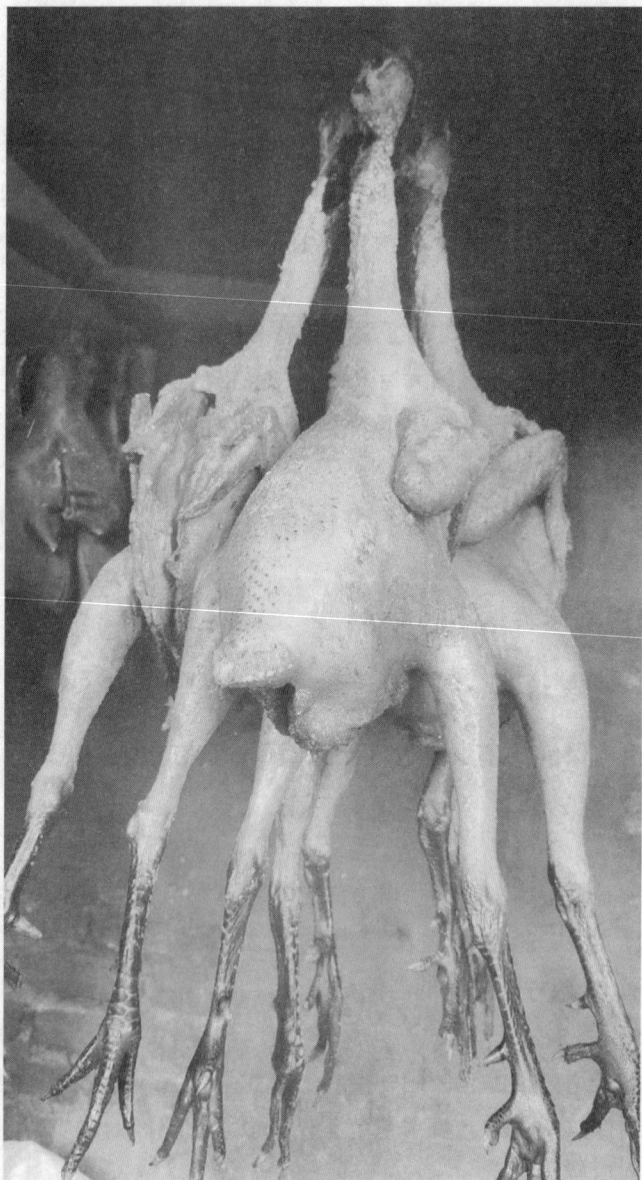

彝族人家中腌制的岩鹰鸡整鸡制品

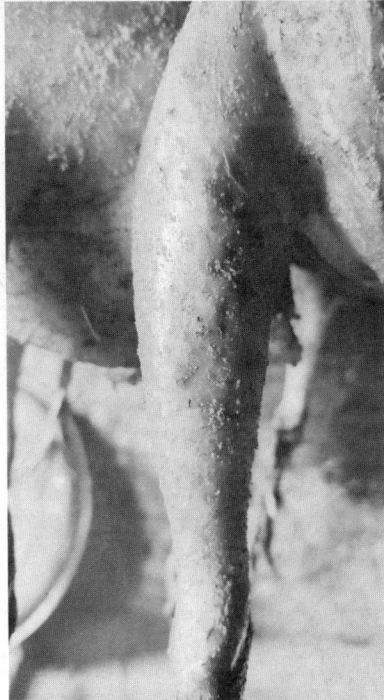

彝族人家中腌制的岩鹰鸡制品局部特写

4. 辐照保鲜

辐照保鲜是利用高能射线（如 γ 射线、X 射线或高能电子束）照射食品，破坏微生物的 DNA 或 RNA，阻止其繁殖，从而达到保鲜的效果。辐照处理对鸡肉的营养成分和风味影响较小，但由于消费者对食品辐射的接受度问题，目前在一些地区的应用受到限制。

5. 复合保鲜

复合保鲜结合了以上几种保鲜技术，通过多种手段协同作用，以达到更佳的保鲜效果。例如，真空包装结合冷藏或冷冻储藏，可以同时发挥真空包装和低温储藏的优势，进一步延长鸡肉的保质期。

（二）新兴保鲜技术

随着科学技术的发展，新兴的保鲜技术不断涌现，为鸡肉保鲜提供了更多的选择。

1. 高压处理保鲜技术

高压处理技术是一种新兴的非热杀菌技术，通过利用高压作用于食品，使微生物失去活性，从而达到保鲜的目的。这种技术既不破坏食品营养和风味，又可有效延长鸡肉的保质期。

2. 脉冲电场保鲜技术

脉冲电场保鲜技术是一种利用短时间高电压脉冲对食品进行处理的方法。这种技术能够改变细胞膜的通透性，从而杀死或抑制微生物的生长。脉冲电场处理对鸡肉的营养成分影响较小，且可以快速完成保鲜处理，是一种有潜力的保鲜技术。

3. 光催化保鲜技术

光催化保鲜技术利用特定波长（200～400 纳米）的光照射食品，激发光催化剂（如二氧化钛）产生活性氧，这些活性氧可以破坏微生物的细胞结构，从而达到杀菌的目的。这种技术对人体无害，且可以在常温下进行，具有广泛的应用前景。

4. 生物防腐剂保鲜技术

生物防腐剂是指利用微生物产生的天然防腐物质来抑制食品中的有害微生物生长。在鸡肉保鲜中，可以利用某些有益菌产生的抗菌物质来抑制有害微生物的生长。这种技术对人体无害，而且能够有效延长鸡肉的保质期。

5. 大气调节保鲜技术

大气调节保鲜技术是通过调整储藏环境中的气体成分（如氧气、二氧化碳和氮气的比例），来抑制微生物的生长和延缓食品的老化过程。这种技术可以在不降低食品温度的情况下，有效延长鸡肉的保质期。

> **附　新型保鲜包装材料**
>
> 随着材料科学的发展，新型保鲜包装材料也在逐步应用于鸡肉保鲜。例如，纳米包装材料、智能包装材料等，其能够响应环境变化，提供更好的保鲜效果。纳米包装材料可以实现更有效的气体阻隔，而智能包装材料可以通过颜色变化等方式提示食品的新鲜程度。

二、分割冷鲜肉的加工

鸡肉作为全球消费量巨大的肉类产品，其加工方式直接关系到产品的品质和食品安全。在众多鸡肉加工方式中，分割冷鲜加工方式因可保持鸡肉的新鲜度和营养价值，成为备受青睐的加工方式之一。

（一）分割冷鲜肉的重要性

1. 保持新鲜度

分割冷鲜肉通过快速冷却和适当的包装，可以有效保持肉品的新鲜度，减少微生物的生长，延长保质期。

2. 便于运输和销售

分割后的鸡肉便于运输和销售，可以根据市场需求进行灵活的产品组合和包装，满足消费者的多样化需求。

3. 提高附加值

通过精细的分割和分级，可以生产出不同规格和档次的产品，提高鸡肉的附加值，增加企业的经济效益。

4. 适应现代消费趋势

随着消费者对食品安全和健康的日益重视，分割冷鲜肉作为一种新鲜、卫生的产品形式，更符合现代消费趋势。

（二）分割冷鲜肉的加工流程

1. 预处理

首先进行宰杀，去除羽毛和内脏，清洗干净，然后进行冷却处理，通常采用水冷或风冷方式，迅速降低鸡肉的温度，以减少微生物的生长。

2. 分割

根据市场需求和产品规格，将冷却后的整鸡进行分割。这一过程可以手工完成，也可以使用自动化的切割设备，以提高效率和精度。

3. 分级和包装

分割完成后，根据鸡肉的大小、重量和外观进行分级，然后进行真空包装或气调包装，以延长保质期并保持产品的新鲜度。

（三）关键技术要点

1. 冷却速度

冷却速度是影响鸡肉品质的关键因素之一。过快的冷却可能导致鸡肉表面出现白霜，影响外观；过慢则可能导致微生物滋生。因此，控制适宜的冷却速度（0～2℃，15～30分钟）对于保证鸡肉品质至关重要。

2. 分割技巧

分割时要确保刀口平整，避免破坏鸡肉的肌肉纤维结构，影响口感。同时，要注意卫生操作，避免交叉污染。

3. 包装材料

选择合适的包装材料对于延长鸡肉的保质期同样重要。真空包装可以有效隔绝空气，减少氧气对鸡肉的氧化作用；气调包装则可以通过调整包装内的气体成分，延长产品的保质期。

第三节　不同类型（地方特色）鸡肉制品的加工

一、腌腊鸡肉制品

腌腊鸡肉制品是将岩鹰鸡鸡肉经过腌制和烘干等工艺加工制作而成的，既保留了岩鹰鸡鸡肉的原汁原味，又增添了独特的风味，成为一种备受欢迎的食品。下文将探讨岩鹰鸡腌腊鸡肉制品的制作工艺、产品特点及市场前景。

（一）岩鹰鸡腌腊鸡肉制品的制作工艺

1. 原料选择
选用健康、无病害的岩鹰鸡作为原料，确保产品的品质和安全。

2. 清洗与预处理
对鸡肉进行彻底清洗，去除羽毛、内脏等，然后按照需要进行分割和去骨。

3. 腌制
将处理好的鸡肉放入特制的腌制液中，腌制液通常由食盐、糖、料酒、香料等组成。腌制时间根据鸡肉的大小和腌制液的浓度而定，一般需要数小时至一天。

4. 烘干
腌制后的鸡肉需要进行烘干处理，可以自然晾晒或机械烘干。烘干的目的是去除多余的水分，使鸡肉达到适宜的湿度，以便于保存和运输。

5. 包装
将烘干后的鸡肉进行真空包装或气调包装，以延长保质期并保持产品的新鲜度。

（二）岩鹰鸡腌腊鸡肉制品的产品特点

1. 风味独特
岩鹰鸡鸡肉本身的风味就十分鲜美，经过腌制和烘干后，其风味更加浓郁，口感醇厚。

2. 营养丰富
岩鹰鸡鸡肉富含蛋白质、脂肪、维生素和矿物质等营养成分，在腌制和烘干过程中，这些营养成分得到了很好的保留。

3. 便于保存
经过烘干处理，岩鹰鸡腌腊鸡肉制品的水分含量较低，不易腐败，保质期相对较长。

4. 便于运输
真空包装或气调包装使得岩鹰鸡腌腊鸡肉制品在运输过程中不易受外界环境的影响，方便运输。

（三）岩鹰鸡腌腊鸡肉制品的市场前景

随着人们生活水平的提高和对美食的追求，高品质的食品越来越受到消费者的青睐。岩鹰鸡鸡肉作为一种高质量食材，其腌腊产品有着广阔的市场前景。同时，随着食品加工技术的不断进步，岩鹰鸡腌腊鸡肉制品的生产成本有望降低，进一步促进其市场的扩大。此外，随着全球化的发展，岩鹰鸡腌腊鸡肉制品也有机会进入国际市场，成为中国特色农产品的代表之一。

二、旅游休闲鸡肉制品

岩鹰鸡旅游休闲鸡肉制品不仅可满足消费者对美食的追求，还融合了当地的文化和自然特色，成为一种具有地域特色的旅游纪念品。

（一）岩鹰鸡的生态养殖与品质保障

岩鹰鸡大多养殖在自然环境优美、生态条件良好的山区，这些地区的自然环境为岩鹰鸡提供了优质的食物和适宜的生存环境。养殖户们遵循生态养殖的原则，使岩鹰鸡在半野生状态下自由生长，保证了岩鹰鸡的肉质鲜美。

在品质保障方面，养殖户们会对岩鹰鸡进行严格的健康管理，定期进行疫苗接种和健康检查，确保岩鹰鸡在出栏前符合食品安全标准。此外，屠宰和加工过程也严格遵守国家相关法规，确保产品卫生安全，让消费者吃得放心。

（二）岩鹰鸡旅游休闲鸡肉制品的加工工艺

岩鹰鸡旅游休闲鸡肉制品的加工工艺是将岩鹰鸡的原生态养殖优势转化为产品特色的关键。在加工过程中，首先对岩鹰鸡进行严格的挑选和清洗，去除不合格的个体和表面的污垢。然后，根据产品的定位和消费者的口味偏好，选择合适的腌制配方和香料，使鸡肉充分吸收调味料的风味。在腌制过程中，盐、糖、香料等成分渗透到鸡肉的肌纤维中，赋予其独特的口感。腌制完成后，将鸡肉进行烘干或熏烤处理，这一步骤对于形成产品的最终风味和质地至关重要。在烘干过程中，鸡肉中的水分逐渐蒸发，使得肉质变得更加紧实、风味更加浓郁。熏烤则为鸡肉添加了一层独特的香气，使其更具吸引力。最后，经过精心包装，岩鹰鸡旅游休闲鸡肉制品便可以作为旅游纪念品或日常零食销售给消费者。

（三）岩鹰鸡旅游休闲鸡肉制品的文化价值

岩鹰鸡旅游休闲鸡肉制品不仅仅是一种食品，还承载着丰富的文化内涵。在许多地方，岩鹰鸡是当地饮食文化的象征，其烹饪工艺和食用习俗往往反映了当地的风土人情和历史传统。将岩鹰鸡加工成旅游休闲产品，不仅可以让游客品尝到当地的美食，还能了解到与之相关的文化故事和制作工艺，增加了产品的附加值和吸引力。

（四）岩鹰鸡旅游休闲鸡肉制品的市场前景

随着人们生活水平的提高和旅游消费的升级，消费者对高品质、有特色的旅游休闲食品的需求日益增长。岩鹰鸡旅游休闲鸡肉制品凭借其独特的风味和文化价值，逐渐成为旅游市场上的新宠。同时，随着互联网和电商平台的普及，岩鹰鸡产品的销售渠道得到了极大的拓宽，消费者可以在全国范围内轻松购买到这些美味的产品。

三、酱卤鸡肉制品

酱卤作为中国传统的烹饪工艺，也是岩鹰鸡产品的重要加工方式。岩鹰鸡酱卤鸡肉制品不仅保留了岩鹰鸡的原汁原味，还通过酱卤工艺赋予了产品新的风味，成为市场上备受欢迎的食品。

（一）岩鹰鸡酱卤鸡肉制品的制作工艺

传统的酱卤工艺以盐、糖、酱油、香料等为主要原料，通过煮沸、浸泡等方式，将这些原料的风味渗透到鸡肉中。现代的酱卤工艺则更加注重风味的多样性和口感的层次，会根据不同的地域口味和消费者喜好，调整配方和工艺参数。

在制作岩鹰鸡酱卤鸡肉制品时，首先需要对岩鹰鸡进行彻底的清洗和预处理（如去除羽毛、内脏等），以确保其适合后续的酱卤处理。然后，将处理好的岩鹰鸡放入特制的酱料中进行腌制，这个过程中，鸡肉会充分吸收酱料的味道。腌制时间根据鸡肉的大小和酱料的浓度而定，一般需要数小时至一天。腌制完成后，将鸡肉取出，放入锅中，加入清水和适量的调料，煮沸后转小火慢炖，直至鸡肉熟透。最后，将炖好的鸡肉捞出，放置冷却，即可食用。

（二）岩鹰鸡酱卤鸡肉制品的风味特色

岩鹰鸡酱卤鸡肉制品的风味特色主要体现在其独特的酱香和肉质的鲜美。酱香是由多种香料和调味料混合而成，会在烹制过程中释放出来，使得鸡肉具有了浓郁的风味。肉质的鲜美来自岩鹰鸡本身的高品质和酱卤工艺的腌制，使得鸡肉的口感更加鲜嫩多汁。

四、熏烤鸡肉制品

熏烤作为一种传承悠久的烹饪技艺，以其别具一格的风味塑造能力，在岩鹰鸡产品的加工中占据了举足轻重的地位。经过熏烤的岩鹰鸡肉制品，不仅原汁原味得以精妙保留，更在熏制的过程中融入了独特的香气与口感，使得产品风味更加丰富多元，从而成为市场上深受消费者喜爱的美食佳品。

（一）岩鹰鸡熏烤鸡肉制品的制作工艺

传统的熏烤工艺以木炭或木柴为燃料，通过高温烟熏的方式，将鸡肉表面的水分蒸发，同时赋予鸡肉独特的熏烤风味。现代的熏烤工艺则更加注重风味的多样性和口感的层次感，会根据不同的地域口味和消费者喜好，调整熏烤的时间和火候。

在制作岩鹰鸡熏烤鸡肉制品时，首先需要对岩鹰鸡进行彻底的清洗和预处理，以确保其适合后续的熏烤加工。然后，将处理好的岩鹰鸡放入特制的腌料中进行腌制，腌制时间根据鸡肉的大小和腌料的浓度而定，一般需要数小时。腌制完成后，将鸡肉取出，放入预热好的熏烤炉中，根据需要调整火力和时间，使鸡肉均匀受热。最后，将熏烤好的鸡肉取出，放置冷却，即可食用。

（二）岩鹰鸡熏烤鸡肉制品的风味特色

岩鹰鸡熏烤鸡肉制品的风味特色主要体现在其独特的熏烤香味和肉质的鲜美。在熏烤过程中，木材的香气与鸡肉的肉香相互融合，形成了一种独特的风味。肉质的鲜美来自岩鹰鸡本身的高品质和腌制的作用，使得鸡肉的口感更加鲜嫩多汁。

五、油炸鸡肉制品

油炸鸡肉制品作为现代快节奏生活中的代表性食品，以其便捷的食用方式和丰富的口感赢得了消费者的广泛喜爱。从炸鸡到炸鸡翅，再到各种创意炸鸡肉料理，油炸鸡肉制品的种类繁多，满足了不同消费者的口味需求。

（一）油炸鸡肉制品的制作工艺

首先是选材，新鲜的鸡肉是制作出美味炸鸡的前提。然后是腌制，通过加入各种调料和香料，使鸡肉入味，增强其风味。腌制时间根据鸡肉的大小和腌制液的浓度而定，一般需要数小时。接下来是裹粉，将腌制好的鸡肉均匀裹上一层淀粉或者面糊，这样在炸制过程中能够形成一层酥脆的外壳。最后是炸制，将裹粉后的鸡肉放入预热好的油锅中，用高温快速炸熟。炸制的时间和油温是影响鸡肉口感的关键因素，过短会导致鸡肉未熟，过长则会使鸡肉变干。

（二）油炸鸡肉制品的风味特点

油炸鸡肉制品的风味特点主要体现在其外皮的酥脆和内部肉质的鲜嫩。经过高温油炸，鸡肉的表面形成了一层金黄酥脆的外壳，而内部则保持了肉质的多汁和嫩滑。此外，在腌制过程中加入的香料和调料也赋予了炸鸡独特的风味，如辣味、香辣味、蜜汁味等，满足了不同消费者的口味需求。

（三）油炸鸡肉制品的营养价值

尽管油炸鸡肉制品美味可口，但其营养价值相对较低。在油炸过程中，鸡肉会吸收大量用于炸制的油脂，导致热量增加。同时，高温油炸可能会破坏鸡肉中的一些营养成分，如维生素。因此，食用油炸鸡肉制品要注意适量，以免对健康造成不良影响。

（四）油炸鸡肉制品的市场前景

随着现代生活节奏的加快，消费者对便捷、快速的食品需求日益增长，油炸鸡肉制品作为典型的快餐食品，其市场前景依然广阔。同时，随着消费者对食品健康意识的提高，油炸鸡肉制品的生产商也在努力研发低脂、低热量的产品，以满足消费者的健康需求。此外，通过创新口味和烹饪方式，油炸鸡肉制品还有望吸引更多年轻消费者，拓宽其市场份额。

六、调理鸡肉制品

在现代餐饮文化中，调理鸡肉制品以其多样化的口感、丰富的营养价值和创新的烹饪方式，成为消费者餐桌上的常客。从家常烹饪到餐厅点菜，从传统风味到现代创意，调理鸡肉制品以其独特的魅力，满足不同消费者的口味需求。

（一）调理鸡肉制品的种类与制作工艺

调理鸡肉制品的种类繁多，包括但不限于炖鸡、蒸鸡、炒鸡等。其中，炖鸡是最常见的一种，通过长时间的低温炖煮，使得鸡肉充分吸收调料的味道，肉质变得鲜嫩多汁。蒸鸡是一种比较受欢迎的调理方式，通过蒸气的加热，保持了鸡肉的原汁原味，同时使肉质更加紧实。炒鸡是一种快速烹饪的方式，通过高温快炒，使鸡肉的外皮变得酥脆，内部肉质保持嫩滑。

（二）调理鸡肉制品的营养价值

鸡肉作为高蛋白、低脂肪的肉类食品，其营养价值丰富。在调理过程中，通过添加各种蔬菜、豆类和谷物等食材，不仅增加了菜品的口感层次，也提高了其营养价值。例如，炖鸡时加入土豆、胡萝卜等蔬菜，可以提供丰富的膳食纤维和维生素；蒸鸡时搭配绿叶蔬菜，可以提供更多的矿物质和抗氧化物质。这些营养成分的结合，使调理鸡肉制品成为一种健康的餐饮选择。

（三）调理鸡肉制品的创新发展

随着消费者口味的多样化和对美食体验的追求，调理鸡肉制品在创新中也不断发展。厨师们通过实验不同的调料和烹饪方法，创造出了各种新口味和新风格的调理鸡肉制品。例如，有些餐厅推出了异国风情的调理鸡肉，如泰式柠檬草鸡、日式照烧鸡肉等，这些新口味的菜品不仅满足了消费者的好奇心，也为餐饮业的发展注入了新的活力。

（四）调理鸡肉制品的市场前景

调理鸡肉制品作为一种方便、健康的食品，其市场前景十分乐观。同时，随着城市化进程的加速和单身经济的兴起，方便快捷的调理鸡肉制品也满足了快节奏生活中的饮食需求。此外，随着全球化的发展，不同国家和地区的调理鸡肉制品也有机会进入国际市场，成为文化交流的载体。

七、罐头鸡肉制品

罐头鸡肉制品作为一种预包装食品，以其便捷性和美味性，为人们提供快速、营养的餐食选择，是餐桌上的主角之一。

（一）罐头鸡肉制品的生产流程

罐头鸡肉制品的生产流程始于严格的原料选择。优质的鸡肉是生产高品质罐头产品的基础。鸡肉应冷链运输，确保新鲜度，然后在工厂内进行详细的检验，排除任何可能影响产品质量的因素。

接下来是清洗和切割。鸡肉被彻底清洗干净，去除所有的杂质和残留物。然后根据需要进行切割，以便后续的烹饪和罐装。切割的形状和大小会根据不同的产品类型而有所不同，如整只鸡、鸡块或鸡丁等。

烹饪是罐头鸡肉制品制作的关键步骤。鸡肉被放入大锅中，加入预先调配好的香料和调味料，通过炖煮或蒸煮的方式，使鸡肉充分吸收调味料的味道。烹饪的时间和火候需要精确控制，以确保鸡肉达到最佳的口感和风味。

烹饪完成后，鸡肉被迅速冷却，然后进行罐装。罐装过程中，鸡肉被装入预先消毒的罐头容器中，并填充上汤汁或酱汁。罐装完成后，立即真空密封，以防止空气进入，确保产品可长期保存。

最后一步是杀菌。将罐装完成的罐头放入高压灭菌器中，通过高温来杀死可能存在的微生物。杀菌的时间根据罐头的大小和内容物的类型而有所不同，通常为几分钟到半小时。杀菌完成后，迅速冷却，以准备后续的包装和储存。

（二）罐头鸡肉制品的优点

罐头鸡肉制品的最大优点在于其便捷性。由于已经经过预先烹饪和罐装，消费者只需打开罐头，就可以直接食用，无须额外的烹饪步骤。这为忙碌的现代生活提供了极大的便利，尤其是在没有时间烹饪的情况下，罐头鸡肉制品成为快速解决饥饿的理想选择。

除了便捷性，罐头鸡肉制品还具有较长的保质期。由于罐装过程中进行了高温杀菌，产品可以在无菌的环境中保存较长时间，通常可达数月甚至数年。这使得罐头鸡肉制品成为应急储备和长途旅行的理想食品。

此外，罐头鸡肉制品还具有一定的营养价值。虽然在罐装过程中可能会有部分营养成分流失，但大多数营养成分仍然得以保留。同时，罐装食品的标签通常会列出产品的营养成分表，消费者可以根据自己的营养需求选择合适的产品。

（三）罐头鸡肉制品的市场前景

随着全球化和城市化的发展，罐头鸡肉制品的市场前景十分广阔。在繁忙的都市生活中，罐头鸡肉制品因其便捷性而受到白领和学生等群体的喜爱。同时，随着人们对健康饮食的重视，罐头鸡肉制品的生产商也在努力研发低盐、低脂、高蛋白的产品，以满足消费者的健康需求。

在国际市场上，罐头鸡肉制品同样受到欢迎。随着全球化贸易的推进，罐头鸡肉制品有望进入世界各地的市场。不同国家和地区的消费者可以享受到来自世界各地的风味独特的罐头鸡肉制品，这不仅促进了文化交流，也为罐头鸡肉制品行业的发展提供了新的机遇。

八、其他鸡肉制品

鸡肉制品种类繁多，除了常见的烤鸡、炖鸡等，还有许多其他形式的鸡肉制品。它们各自有着独特的风味和食用场景，丰富了我们的餐桌。

（一）鸡肉冷盘

鸡肉冷盘是夏季餐桌上的常见美食，通常由煮熟的鸡肉制成，经过切丁、切片或撕丝，搭配各种调料和蔬菜，制作而成。这些冷盘不仅色泽诱人，而且清爽可口，是夏日佳品。

（二）鸡肉丸

鸡肉丸是一种由鸡肉馅制成的食品，可以通过蒸、煮、炸等多种方式烹饪。鸡肉丸的口感 Q 弹，味道鲜美，常作为小吃或是主菜的一部分出现在餐桌上。在不同的地区，鸡肉丸的制作方法和风味各异，有的加入了海鲜、蔬菜等其他食材，使得口感更加丰富。

（三）鸡肉肠

鸡肉肠是一种类似于香肠的食品，由鸡肉制成，经过调味、灌肠和熏烤等工序制作而成。它们通常具有浓郁的肉香和独特的口感，可以作为零食或餐桌上的配菜。在一些国家，鸡肉肠还可以作为早餐的一部分，搭配面包和咖啡一起享用。

（四）鸡肉汉堡

鸡肉汉堡是西式快餐中的常见食品，由鸡肉饼、生菜、番茄、酱料、面包等组成。它们方便快捷，营养均衡，深受年轻人的喜爱。在一些快餐店内，顾客还可以根据个人喜好定制汉堡的配料和口味。

第四节　岩鹰鸡鸡蛋的贮藏保鲜

鸡蛋作为一种易腐食品，其贮藏质量对食用安全和食品品质有着重要影响。为了确保鸡蛋在贮藏过程中保持良好的品质，并延长其保质期，应遵循基本的贮藏原则。

一是，严控贮藏温度。理想的贮藏温度应该为 4℃ 左右。这个温度可以有效地减缓鸡蛋的呼吸作用和微生物的生长繁殖，从而延长鸡蛋的保质期。如果温度过高，鸡蛋的呼吸作用会加强，导致蛋液中的水分蒸发，使蛋壳变干、变脆；如果温度过低，则可能导致鸡蛋受冻，破坏其内部结构，影响口感和营养价值。因此，在贮藏鸡蛋时，一定要确保温度适宜，避免温度过高或过低。

二是，控制贮藏湿度。贮藏湿度对鸡蛋的贮藏有很大影响。如果湿度过低，鸡蛋的蛋壳会失去水分，变得干燥和脆弱，容易破裂；如果湿度过高，则可能导致细菌滋生，加速鸡蛋的腐败变质。因此，在贮藏鸡蛋时，要保持适当的湿度（一般为 70%～80%），避免过于干燥或潮湿。

三是，注意贮藏方式。鸡蛋应该存放在通风良好、干燥、清洁的地方，避免阳光直射和潮湿。同时，鸡蛋的贮藏位置也很重要，应该放在架子上，离地面一定距离，以防止潮湿和污染。此外，还可以使用一些特殊的贮蛋设备或容器（如鸡蛋盒、鸡蛋架等）来存放鸡蛋，可以起到防止污染和减少碰撞等作用，有助于延长鸡蛋的保质期。

四是，注意贮藏时间。虽然鸡蛋可以在适宜的条件下长时间贮存，但是为了保证食用安全和食品品质，应尽快食用。如果需要长时间贮存，应该定期检查鸡蛋的新鲜度和质量，及时剔除已经变质或接近变质的鸡蛋。

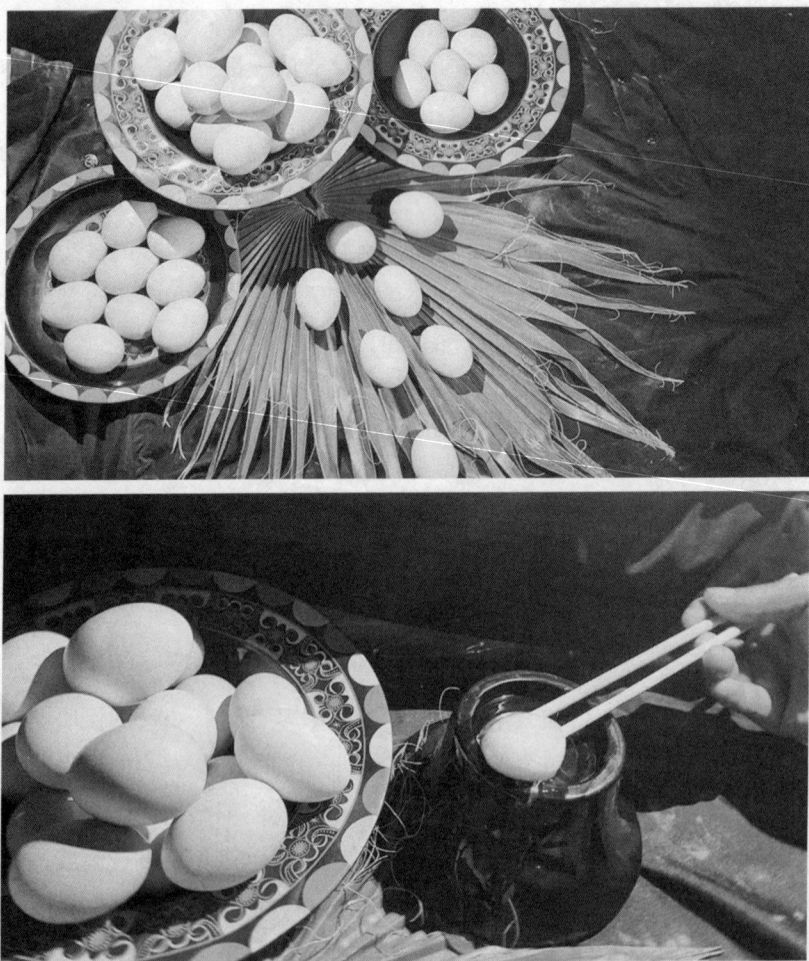

岩鹰鸡鸡蛋

第五节　洁蛋的生产

洁蛋生产包括鸡蛋的采集、清洗、消毒、分级、包装、质检、储运等多个步骤，旨在去除鸡蛋表面的污垢和细菌，提高鸡蛋的卫生质量和市场价值。下面将详细介绍洁蛋生产工艺的各个步骤。

1. 原料采集与初步处理

首先，从养鸡场收集新鲜的鸡蛋，进行初步的筛选和分类。去除破损、裂壳和异味的鸡蛋，选择符合标准的鸡蛋进行后续加工。

2. 清洗

清洗是洁蛋生产工艺中非常重要的一步。使用流动的清水或专业的清洗机对鸡蛋进行清洗，去除鸡蛋表面的泥土、粪便、羽毛等污垢。在清洗过程中，可以使用软毛刷轻轻刷洗蛋壳，以达到更好的清洁效果。同时，要控制好水流的强度和温度，避免损伤鸡蛋。

3. 消毒

清洗完成后，需要对鸡蛋进行消毒处理。使用食品级消毒剂（如次氯酸钠溶液）对鸡蛋表面进行喷洒或浸泡，杀灭可能存在的细菌和病毒。不同消毒剂所需要的时间和浓度不同，消毒的时间和浓度需要严格按照消毒剂的说明书进行控制，以确保消毒效果。

4. 干燥

消毒完成后，将鸡蛋表面的多余水分吹干，避免鸡蛋在后续的贮存和运输过程中受潮发霉。可以通过热风干燥机或自然晾干的方式进行干燥。

5. 分级与包装

干燥完成后，将鸡蛋进行分级和包装。根据鸡蛋的大小、重量、外观等特征进行分级，选择合适的包装材料进行包装。包装材料应该能够保持鸡蛋的干燥和清洁，同时便于运输和销售。

6. 质量检测

在洁蛋生产过程中，应进行严格的质量检测，确保产品符合食品安全和卫生标准。检测内容包括鸡蛋的外观、重量、破损率、微生物指标等。

7. 储存与运输

包装完成后的鸡蛋应该存放在清洁、干燥、通风良好的仓库中，避免阳光

美姑岩鹰鸡鸡蛋商品包装

直射和高温潮湿的环境。同时，在运输过程中也要采取相应的措施，确保鸡蛋的质量不受影响。

洁蛋生产是一个复杂的过程，涉及多个环节和细节。只有严格控制每个环节的质量和卫生标准，才能生产出高质量的洁蛋产品，满足消费者的需求和市场的竞争。同时，随着科技的进步和消费者需求的变化，洁蛋生产工艺也在不断发展和改进，以适应新的市场需求和提高产品的竞争力。

第十一章 配套产业融合与开发

第一节 生态养殖模式的探索

一、岩鹰鸡生态养殖模式概述

在追求可持续畜牧业发展的今天，岩鹰鸡生态养殖模式因其独特的生态优势和经济效益，正逐渐受到广泛关注。这种养殖模式不仅注重动物福利和生态平衡，而且通过模拟岩鹰鸡的自然栖息地，创造出适宜的生长环境，从而实现经济效益与生态效益的双赢。

岩鹰鸡生态养殖模式是一种模仿岩鹰鸡自然生活习性的养殖方式，它强调在养殖过程中尊重动物的天性和行为需求。这种模式通常涉及为岩鹰鸡提供类似野外的生活空间，包括丰富的植被、适宜的攀爬设施及足够的活动空间，以促进其身心健康和自然行为的展现。同时，生态养殖还强调与自然环境的和谐共生，通过合理的饲料搭配和生态环境的构建，实现资源的高效利用和废物的最小排放。

二、实施生态养殖模式的方法和步骤

生态养殖模式是一种注重环境保护、资源循环利用和动物福利的新型农业生产方式。实施生态养殖模式不仅能够提高产品质量，还能有效保护生态环境，实现经济效益与生态效益的双赢。以下是实施生态养殖模式的方法和步骤。

（一）规划与设计

1. 评估当地环境条件

首先需要对当地的气候、土壤、水资源等环境条件进行全面评估。了解当

153

地的气候特点，选择适合当地生长的作物和养殖方式；分析土壤类型和肥力状况，合理配置种植和养殖结构；评估水资源状况，确保有足够的水源供应。

2. 制订生态养殖方案

根据评估结果和岩鹰鸡的养殖特点，制订具体的生态养殖方案。方案应包括养殖场地布局、饲养管理、疾病防治、饲料来源等内容。

（二）建设生态养殖场

1. 选址与布局

养殖场应选在远离工业污染、交通便利、地势较高的地方。养殖场应具有良好的排水系统，避免雨水积聚。

2. 建设养殖设施

根据岩鹰鸡的养殖特点，建设相应的养殖设施。例如，为岩鹰鸡建设模拟自然环境的栖息地，包括树屋、攀岩架等。

3. 建立生态循环系统

构建生态循环系统，涵盖雨水收集、废水处理、有机肥料制作等方面。确保养殖过程中产生的废弃物能够得到有效处理和利用。

（三）实施生态养殖

1. 科学饲养管理

根据岩鹰鸡的生长需求，提供合理的饲料和饮水。采用轮牧、混养等方式，提高饲料利用率和降低疾病发生率。

2. 疾病预防与控制

建立健全的疾病监测和预防体系，定期对岩鹰鸡进行健康检查和免疫接种。采用生物防治和物理防治等疾病防治方法，减少对化学药品的依赖。

3. 资源循环利用

将养殖废弃物进行分类收集，如粪便、秸秆等，制作有机肥料。利用有机肥料改善土壤肥力，促进作物生长。

（四）监督与评估

1. 定期监测

定期对养殖环境、岩鹰鸡健康状况和生态系统进行监测，及时发现问题并采取措施解决。

2. 数据记录

详细记录养殖过程中的各项数据，如饲料消耗、生长情况、疾病发生等，以便分析和改进养殖效果。

3. 效果评估

定期对生态养殖效果进行评估，包括经济效益、生态效益和社会效益等方面。根据评估结果调整养殖方案，优化生态养殖模式。

（五）持续改进

1. 技术更新

随着科学技术的不断进步，引进和应用新的生态养殖技术和管理经验，提高生态养殖的效率和水平。

2. 培训与教育

加强对农户的生态养殖技术培训和教育，提高他们的生态养殖意识和技能水平。

3. 政策支持与合作

积极争取政府的政策支持和资金扶持，加强与科研机构、高校的合作，共同推动生态养殖模式的发展。

实施生态养殖模式是一个系统工程，需要综合考虑生态、经济和社会等多方面因素。通过科学规划、合理布局、严格管理和持续改进，逐步实现生态养殖的可持续发展。

三、生态养殖模式对环境和经济效益的影响

生态养殖模式对环境和经济效益都产生了积极的影响。它通过减少污染、保护生物多样性和节约资源等方式，改善了生态环境。同时，生态养殖模式还通过提高产品质量、增加农户收入、促进产业升级和获得政策支持等方式，实现经济效益的提升。然而，生态养殖模式的推广和应用仍面临一些挑战，如技术难题、市场接受度等。因此，需要继续加强科研投入和政策引导，推动生态养殖模式的普及和发展。

美姑岩鹰鸡林下生态养殖示范点

第二节 岩鹰鸡养殖与旅游和休闲农业的结合

一、岩鹰鸡养殖与旅游和休闲农业的结合方式

岩鹰鸡养殖与旅游和休闲农业的结合方式主要体现在以下几个方面：

1. 亲子教育与休闲娱乐

"土鸡认养＋亲子乐园"模式以独特的体验式养鸡为核心，不仅赋予了传统农场新的内涵和生命力，同时也为都市人提供了一种回归自然、享受田园生活的新方式。

2. 科普教育与文化传播

在休闲农庄中，设置关于从鸡的孵化到养鸡知识的宣传教育活动，有关于鸡肉营养、食用益处的介绍，有关于鸡蛋、鸡肉美食制作的辅导，有关于岩鹰鸡教育 DIY 体验活动等。

3. 市场营销与品牌建设

通过建立品牌，打造丰富的岩鹰鸡产品，有活鸡、半成品、熟食等，包装有简单包装、特色包装，还有礼品包装等，以此来吸引旅游消费者，提升产品的市场竞争力。

二、旅游项目开发的建议

生态旅游是一种新兴的旅游形式，正逐渐受到人们的青睐。岩鹰鸡养殖区凭借其独特的生态环境和丰富的文化内涵，成为生态旅游开发的一片热土。下文将探讨如何充分利用岩鹰鸡养殖区的资源优势，打造具有地方特色的旅游项目，并分析其对当地环境和经济的双重影响。

1. 挖掘岩鹰鸡文化

岩鹰鸡养殖区不仅是生物多样性的宝库，更是当地文化的传承地。通过深入挖掘岩鹰鸡的文化故事和历史渊源，为游客提供丰富的知识内容。例如，通过建设文化展览馆，展示岩鹰鸡的品种、生活习性和与当地社区的关系。此外，举办岩鹰鸡文化节，通过民俗表演、美食体验等活动，让游客亲身感受岩鹰鸡文化的魅力。这样的文化体验活动不仅能够增强游客的记忆点，还能够为

当地文化的传承提供动力。

2. 打造特色旅游产品

在旅游产品开发方面，岩鹰鸡养殖区有着得天独厚的优势。通过精心设计的旅游线路，游客可以近距离观察岩鹰鸡的生活状态，参与饲喂和收集鸡蛋等互动体验。同时，结合当地特色农产品，开发岩鹰鸡主题的美食旅游产品，让游客在品尝美食的同时，了解岩鹰鸡的营养价值和烹饪方法。这样的旅游产品不仅满足了游客对新奇体验的需求，也促进了当地农产品的销售，形成了农旅结合的良性循环。

3. 完善旅游配套设施

为了确保游客的舒适和安全，岩鹰鸡养殖区需要完善旅游配套设施。这包括建设便捷的交通网络、提供充足的停车场地、设立休息区和餐饮区，以及加强旅游安全设施的建设。通过这些措施，可以大大提升游客的满意度，为游客提供一个舒适、便捷的旅游环境。

4. 加强宣传推广

宣传推广是旅游项目成功的关键。利用各种媒体渠道，如社交媒体、旅游网站等，发布岩鹰鸡养殖区的旅游资讯和活动信息，可以吸引潜在游客的关注。同时，与旅行社合作，将岩鹰鸡养殖区纳入旅游线路，可以拓宽客源市场。开展线上线下的营销活动，如打折促销、团购优惠等，可以激发游客的购买欲望。通过这些宣传策略，可以有效地提高岩鹰鸡养殖区的知名度，吸引更多的游客前来。

5. 坚持生态保护和可持续发展的原则

在旅游开发过程中，生态保护和可持续发展是不可忽视的重要原则。必须严格遵守生态保护规定，确保岩鹰鸡养殖区的生态环境不受破坏。推广绿色旅游理念，鼓励游客采取低碳、环保的旅游方式。加强与当地社区的合作，获得其支持，确保旅游项目的发展成果能够惠及当地居民。通过这些措施，可以实现旅游业与生态环境的和谐共生，为当地经济的可持续发展奠定基础。

岩鹰鸡养殖区旅游项目的开发，不仅能够为游客提供独特的旅游体验，还能够促进当地经济的发展，并兼顾生态环境保护。通过深入挖掘岩鹰鸡文化、打造特色旅游产品、完善旅游配套设施、加强宣传推广，以及坚持生态保护和可持续发展的原则，岩鹰鸡养殖区有望成为生态旅游的新亮点，为当地社区带来更好的发展前景。

三、岩鹰鸡品牌建设的方法和建议

岩鹰鸡品牌建设是一个系统工程，需要综合运用市场调研、产品开发、品质控制、文化发掘、品牌推广等多种手段。通过精准的品牌定位，突出岩鹰鸡的独特价值和市场优势；严格的品质控制是赢得消费者信任的基石；而富有创意的故事营销能够吸引消费者的注意力，增强品牌记忆点。同时，构建统一的视觉识别系统有助于提升品牌的辨识度和传播效果。在销售渠道上，线上线下结合，拓展多元化的市场布局，既能覆盖更广泛的消费群体，也能适应现代消费者的购物习惯。此外，通过与其他产业的合作，如餐饮业、旅游业等，可以实现资源共享，互利共赢。持续地进行创新和研发投入，不仅能够丰富产品线，满足消费者的多样化需求，也是保持品牌活力的关键。同时，积极参与社区活动，使消费者了解岩鹰鸡的文化价值，可以提升品牌的社会责任感，进一步巩固品牌在消费者心中的地位。政府的政策支持和引导也是岩鹰鸡品牌建设不可忽视的外部因素，合理利用政策资源，可以加速品牌的成长和发展。总之，岩鹰鸡品牌建设需要多方面的努力，通过综合运用各种策略和手段，才能在激烈的市场竞争中脱颖而出，实现品牌的长期价值。

1. 品牌定位

首先，明确岩鹰鸡品牌的核心价值。这包括岩鹰鸡的养殖方式（如有机养殖、自由放养），其产品的独特风味、营养价值，以及与当地文化的关联等。例如，可以强化岩鹰鸡作为地方特色农产品，代表着健康、自然和高品质生活方式的品牌定位。

2. 品质控制

建立严格的品质控制体系，从饲料选择、养殖环境、疾病防控到屠宰加工，每一个环节都要确保符合高标准。可以引入国际认证，如有机认证、绿色食品认证等，以增强消费者信任。

3. 故事营销

挖掘岩鹰鸡背后的故事，比如它的起源、养殖户的故事、与当地文化的联系等，通过故事营销来引起消费者的情感共鸣。

4. 视觉识别系统

设计统一的品牌标识、包装设计和营销材料，使岩鹰鸡品牌在市场上容易识别。视觉元素应体现出岩鹰鸡的特点和品牌个性。

5. 线上线下整合营销

利用社交媒体、电子商务平台进行线上推广，同时在超市、农贸市场等线下渠道进行销售和品牌宣传。可以通过直播带货、短视频营销等方式吸引年轻消费者。

6. 合作推广

与餐饮企业、旅游公司等合作，将岩鹰鸡产品融入他们的服务中，如推出岩鹰鸡特色菜品、旅游纪念品等。

7. 持续创新

不断研发新产品，如岩鹰鸡深加工产品、即食包装产品等，来满足不同消费者的需求。

8. 社区参与和教育

组织岩鹰鸡养殖技术培训班，提高农民的养殖技能；开展岩鹰鸡文化节庆活动，吸引游客参与，同时使公众了解岩鹰鸡的价值。

9. 监测与反馈

定期收集消费者反馈建议（可以通过市场调查、消费者访谈等方式获取信息），监测品牌表现，及时调整营销策略。

10. 政策利用

利用当地政府对特色农产品发展的扶持政策，申请相关的财政补贴、税收优惠等，减轻企业负担，促进品牌发展。

第三节 "互联网＋概念"下的岩鹰鸡产业

一、岩鹰鸡的市场分析

岩鹰鸡是四川省凉山地区特有的优良地方鸡种，在凉山地区几乎都是散养，饲喂饲料占比不超过 10%，加上当地有吃鸡的消费风俗，在凉山地区售价均价在 100 元/kg 左右，这个定价直接决定了岩鹰鸡属于中高端市场。

岩鹰鸡散养鸡场

（一）岩鹰鸡的市场调研

对岩鹰鸡市场的竞争格局进行分析，了解主要竞争对手的产品特点、价格策略、市场份额等信息。通过比较分析，找出岩鹰鸡产品在市场上的竞争优势和劣势，为制订有效的市场策略提供参考。

另外，还要关注岩鹰鸡市场的发展趋势和潜在机会。例如，随着消费者对健康食品的需求日益增长，岩鹰鸡有望迎来更大的市场机遇。同时，环保意识的提升也促使消费者更加关注养殖过程中的生态友好性，为岩鹰鸡产业的可持续发展提供新的动力。

岩鹰鸡的市场调研是一个复杂而重要的过程。通过明确目标市场、了解消费者需求、分析竞争格局、关注市场趋势等多方面的工作，企业可以全面了解岩鹰鸡市场的现状和未来发展潜力，为产品的研发、生产和营销提供有力支持。同时，企业还需要不断创新和完善市场调研策略和方法，以适应不断变化的市场环境和消费者需求。

（二）岩鹰鸡的市场前景

岩鹰鸡凭借生态养殖的优势和独特的肉用品质，在市场上具有较好的发展潜力和品牌优势。岩鹰鸡主要以散养在天然草地、林地、河滩为主，养殖环境安全无污染，天然屏障隔离效果好。这种生态养殖方式不仅保证了鸡肉的质量，也契合现代消费者追求健康食品的理念。

山林中放养的岩鹰鸡鸡群

山林中放养的岩鹰鸡公鸡

山林中栖息的岩鹰鸡

岩鹰鸡肉用性能好，鲜肉气味清香、色泽纯正，熟肉品尝起来香味浓郁、肉质细嫩、风味独特，肉汤味道特别鲜美。这些品质上的优势使得岩鹰鸡在口感上优于许多其他家禽品种。

美姑岩鹰鸡鸡汤外包装

岩鹰鸡肉汤产品

岩鹰鸡的主要消费群体包括当地居民和外地游客。由于岩鹰鸡具有独特的风味和营养价值，它在当地市场上非常受欢迎。此外，随着人们对健康饮食的关注度不断提高，岩鹰鸡鸡肉、鸡蛋作为绿色、有机产品，吸引了越来越多的消费者。除了直接食用，岩鹰鸡还被用于制作各种美食，如砣砣鸡、火烧鸡、辣子鸡、酸菜鸡等，这些菜肴在当地餐馆中非常受欢迎，也吸引了许多外地游客前来品尝。

总的来说，岩鹰鸡的主要消费群体是那些注重健康饮食、追求美食体验的消费者，以及对当地文化感兴趣的游客。随着品牌知名度的提升和市场的进一步开拓，岩鹰鸡的消费群体有望进一步扩大。

二、岩鹰鸡互联网＋销售渠道的建立与优化

（一）建立和优化互联网销售渠道的建议

互联网＋销售渠道的建立与优化是现代企业发展的关键。以下是一些关于

如何建立和优化互联网销售渠道的建议：

1. 建立专业的电子商务网站

企业应建立一个专业的电子商务网站，设计应简洁大方，用户界面友好，便于用户找到所需产品和服务。网站应设置在线购买功能，提供便捷的购物体验。

2. 优化搜索引擎排名

通过优化搜索引擎排名，提高企业在互联网中的曝光度。方法包括合理的关键词选择、确保优质的内容质量、网站内部链接优化、外部链接建设等。

3. 开展社交媒体营销

利用社交媒体平台，如微博、微信公众号等，与用户互动并传达产品信息。利用社交媒体广告投放功能，精准地将广告传递给目标受众。

4. 建立合作伙伴关系

寻找与业务相关的合作伙伴，共同推广产品或服务。与其他相关网站建立链接，提高网站的权威性和可信度。

5. 提供优质的客户服务

提供及时、专业的售后服务，增加客户的信任度和忠诚度。建立健全的售后服务体系，提供及时、专业的售后服务。

6. 分析销售数据

通过对销售数据进行分析，了解消费者的购买行为和偏好，从而有针对性地进行销售策略的调整和优化。

7. 提供优惠和促销活动

通过提供优惠券、满减、赠品等促销活动来吸引消费者进行购买。这样不仅可以提高销售量，还可以提高消费者的忠诚度。

8. 不断创新和改进

随着数字化技术和电子商务平台的发展，企业需要不断创新和改进，跟上时代的步伐。例如，可以尝试新的销售模式和渠道，如直播带货等，不断寻找新的商机和增长点。

（二）通过搜索引擎优化提升电子商务网站的搜索引擎排名

1. 关键词优化

关键词优化是提升电子商务网站搜索引擎排名的基础。首先，需要确定与产品和服务相关的关键词，并将它们合理地分布在网站的标题、描述、内容和标签中。关键词的密度应适中，避免过度堆砌，以保持内容的自然性和可读性。

2. 内容质量

提供高质量、原创的内容对搜索引擎优化至关重要。优质内容不仅能够吸引用户，还能提高搜索引擎的评分。内容应针对用户需求和搜索意图进行优化，同时包含目标关键词。

3. 网站结构优化

确保网站结构清晰、易于导航，每个页面都应有明确的主题和目的。同时，优化网站的加载速度，减少用户等待时间，提高用户体验。

4. 外部链接建设

获取高质量的外部链接可以提升网站的权威性和排名。可以通过发布原创内容、参与行业论坛、合作交换链接等方式来获取外部链接。

5. 移动优化

随着移动设备的普及，确保网站在移动设备上的显示和体验也非常重要。应采用响应式设计，确保网站在不同设备上均有良好的显示效果。

6. 社交媒体整合

积极利用社交媒体，与用户互动、分享有价值的内容，可以提升网站的知名度和影响力，对搜索引擎优化也有积极的影响。

7. 数据分析

对网站的流量、关键词排名等数据进行分析，不断优化和调整搜索引擎优化策略，以适应搜索引擎算法的变化。

通过上述措施，可以逐步提升电子商务网站的搜索引擎排名，吸引更多的潜在客户。需要注意的是，搜索引擎优化是一个持续的过程，需要不断地测试和调整策略，以达到最佳效果。

（三）企业在建立在线客服系统时应该注意提高客户满意度的要点

在建立在线客服系统时，企业应该注意以下几个关键点，以提高客户满意度。

1. 选择合适的在线客服系统

根据企业规模和需求选择稳定、易用、功能完善的在线客服系统。

2. 培训专业的客服团队

对客服团队进行专业培训，包括产品知识、沟通技巧、问题解决能力等，以提高客户满意度。

3. 设定清晰的服务标准和指标

制定客服服务标准和指标，如服务响应时间、问题解决率、客户满意度等，帮助客服团队明确工作目标。

4. 实现多渠道客服

整合在线客服系统与其他渠道（如社交媒体、邮件、电话等），提供全方位的客户服务体验。

5. 自动化客服流程

利用智能机器人等解决常见问题，提高客服效率，减少客户等待时间，实现客服流程自动化。

6. 定期收集客户反馈

定期收集客户反馈意见，了解客户需求和意见，及时调整客服策略，持续优化客户服务体验。

7. 数据分析与优化

通过数据分析客服系统的运行情况，优化客服流程、改进服务质量，提升客户满意度和忠诚度。

8. 迅速回应

在线客服的一个重要标准就是快速的回应，特别是在实时在线聊天过程中。企业需要有明确的快速回应标准。

9. 友善的沟通态度

在与客户沟通时，保持友善的态度至关重要。企业需要培训客服团队，使其具备友好、耐心和专业的素质。

10. 个性化服务

为了满足不同客户的需求和喜好，企业提供个性化的服务显得尤为重要。

11. 灵活运用快捷回复

利用快捷回复功能可以提高在线客服人员的响应速度，同时降低错误表达和错别字的影响。

三、互联网＋与岩鹰鸡产业的协同发展

互联网＋为岩鹰鸡养殖业的发展开辟了新的道路。岩鹰鸡养殖户利用互联

网平台，不仅拓宽了销售渠道，还实现了生产流程的智能化管理，提高了养殖效率和产品品质。

（一）互联网＋为岩鹰鸡养殖业带来的发展机遇

在生产方面，岩鹰鸡养殖户通过引入互联网技术，实现了对养殖环境的实时监控和智能调控。例如，一些养殖场在鸡舍内安装了温湿度传感器、自动喂食机和饮水系统等设备，通过手机 App 随时随地掌握鸡舍的环境状况，并根据需要调整温度、湿度等参数，为岩鹰鸡提供最佳的生长环境。

在销售方面，岩鹰鸡养殖场借助电商平台和社交媒体，将产品直接销售给消费者，减少了中间环节，提高了利润。例如，有的养殖场通过在淘宝开设店铺，将岩鹰鸡产品销往全国各地，甚至出口到海外市场。同时，还利用微信、微博等社交媒体平台进行品牌宣传和推广，吸引了更多潜在客户的关注。

在其他方面，岩鹰鸡养殖场还通过互联网平台获取市场信息和技术支持，不断优化养殖技术和管理模式。他们通过在线学习平台学习先进的养殖技术和管理经验，参加线上研讨会与同行交流心得，共同提高养殖水平。同时，还通过互联网平台获取饲料、兽药等生产资料的价格信息，合理安排采购计划，降低生产成本。

总之，互联网＋为岩鹰鸡养殖业的发展带来了前所未有的机遇。通过实现生产流程的智能化管理、利用互联网平台拓宽销售渠道、获取市场信息和技术支持等措施，岩鹰鸡养殖场能够更好地应对市场变化，提高养殖效益，推动岩鹰鸡产业的持续健康发展。

（二）岩鹰鸡产业实施信息化管理的具体措施

岩鹰鸡产业实施信息化管理的措施主要包括以下 7 个方面：

1. 环境监测与智能调控

通过安装各类传感器，实时监测鸡舍内的温度、湿度、有害气体浓度、光照强度等环境参数，并根据监测数据自动调控通风、保温、照明等设备，以保持鸡群的最佳生活环境。

2. 养鸡场集中管理

利用云平台，根据养鸡场的实际布局在管理界面上动态编辑场景图，动态展示各鸡舍的实时数据、设备运行情况，支持一键切换各座养鸡场，方便在线查看地理位置、环境信息等。

3. 鸡群行为在线监测

通过视频监控系统，实时监测鸡群的采食、饮水、活动等情况。

4. 远程监控与自动化管理

管理人员可以通过移动设备或 PC 端远程查看鸡场实时情况，支持自动报警机制，对监测参数异常、联动设备异常/故障等情况进行自动报警，并自动发送联动命令执行通风、增温、降温、喂料等操作。

5. 数据统计与分析

收集并整理鸡场日常运营的各项数据，如鸡只数量、死亡率、产蛋量、饲料转化率等，通过大数据分析提供决策支持，帮助管理者优化饲养方案、降低成本、提高收益。

6. 繁殖管理

自动记录并分析母鸡的生长发育、发情表现、产蛋周期等繁殖信息，辅助进行合理配种、孵化管理，提高产蛋率和孵化成功率。

7. 精准饲养管理

信息化管理系统可根据鸡只的不同生长阶段、体重、产蛋情况等因素，制定合理的饲料配方，精确控制喂食量，同时记录饲料消耗，实现精准饲养。

（三）岩鹰鸡互联网＋模式促进产业链上下游合作的措施

互联网＋模式是指将互联网技术与传统行业相结合，通过信息化手段改造和提升传统产业的一种新型商业模式。通过互联网平台可以实现资源的优化配置和信息的快速流通，提高整个产业链的效率和效益。

1. 建立开放式数据共享平台

通过建立数据共享平台，岩鹰鸡产业链上下游的企业可以共享市场需求、生产计划、供应链信息等关键数据，实现信息的透明化和平等化，提高沟通效率和决策速度。

2. 引入互联网技术优化生产流程

利用互联网技术可以实现对岩鹰鸡养殖、出栏、屠宰、加工等环节的实时监控和管理，帮助企业及时发现和解决生产中的问题，提高生产效率，降低成本。

3. 构建智能供应链管理系统

通过大数据分析和人工智能技术，企业可以实现对供应链各环节的智能监控、预测和调度，提高供应链的灵活性和响应速度。

4. 推动跨界合作与创新

开放式创新平台允许不同企业共享技术、资源和市场，共同开展研发设计、技术创新等活动，加快新产品、新技术的研发和应用。

5. 加强安全与隐私保护

建立完善的信息安全管理体系，加强对数据和信息的加密、认证和监控，保障数据安全和隐私，促进产业链上下游的信任与合作。

6. 开展产业链共建共享项目

通过共同参与产业链的基础设施建设、资源共享、技术创新等活动，实现风险与成本共担，利益共享，推动产业链的持续发展。

附录 1　半敞开式鸡舍

随着现代养鸡业的不断发展，半敞开式鸡舍养殖模式正逐渐受到养殖户的青睐。这种模式不仅结合了传统封闭式鸡舍和开放式鸡舍养殖模式的优点，而且在鸡舍结构设计、通风与采光、空间布局等方面进行了优化，使得鸡舍的功能更加完善，养殖效率显著提高。

半敞开式鸡舍的结构设计既可以根据地理环境和气候条件进行局部调整，又可以根据养殖规模和鸡的特性进行个性化定制。这种设计使得半敞开式鸡舍既能够适应不同地区的气候变化，又能够满足不同养殖需求，具有很强的适用性和扩展性。

通风与采光是半敞开式鸡舍的核心要求。合理的窗户设计和位置安排，可以实现自然通风，降低鸡舍内的湿度和温度，减少疾病的发生。同时，充足的阳光照射有利于鸡维生素 D 的合成。适宜的通风和采光方式不仅可以提高鸡的生活质量，还会大大节省能源成本。

在空间布局方面，半敞开式鸡舍养殖模式通常采用分层饲养或笼养方式，以确保鸡有足够的活动空间，也方便饲养管理和疾病防控。此外，还可以根据

笼养的岩鹰鸡

养殖户的实际需求进行半敞开式鸡舍的模块化设计，方便后续升级和改造。

在建设半敞开式鸡舍时，选址是关键的一步。应选择地势较高、排水良好、远离居民区和工业污染源的地方进行建设，以确保鸡舍的环境质量和生物安全。在材料选择上，应注重耐用性和环保性，选择能够抵抗恶劣天气和腐蚀的材料，以延长鸡舍的使用寿命。

此外，养殖户应定期清理鸡舍内外的粪便和垃圾，保持环境整洁；合理控制鸡舍内的湿度和温度，创造适宜的生长环境；注意鸡舍周边的绿化和生态平衡，减少蚊蝇等滋生；加强对鸡群的饲养管理和疾病防控水平，提高养殖效益。

附录 2　养殖记录表格与示例

一、养殖记录表格

岩鹰鸡养殖记录表格是用来跟踪和管理鸡群生长、健康、生产等关键信息的工具。一个良好的记录表格应该包含以下几个核心部分：

1. 基本信息

包括鸡舍号、品种、来源、进鸡日期等。

2. 生长发育记录

记录鸡的体重、日增重、饲料转化率等。

3. 健康管理

包括疫苗接种记录、疾病治疗记录、死亡原因等。

4. 生产性能

对于蛋鸡来说，包括产蛋率、蛋重、蛋壳质量等；对于肉鸡来说，包括屠宰体重、肉质评分等。

测定岩鹰鸡生产性能

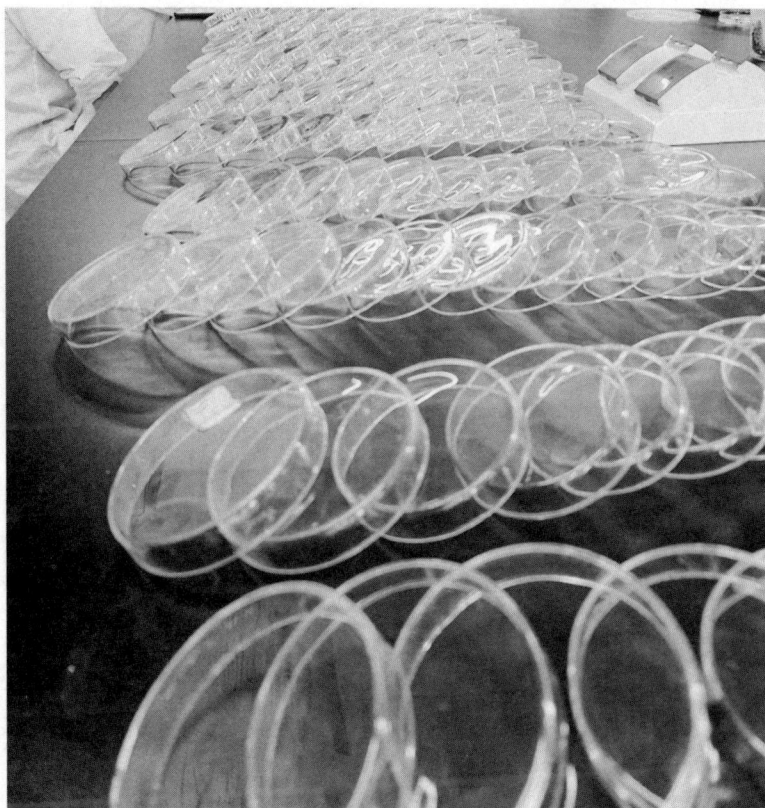

为测定岩鹰鸡鸡肉品质做准备

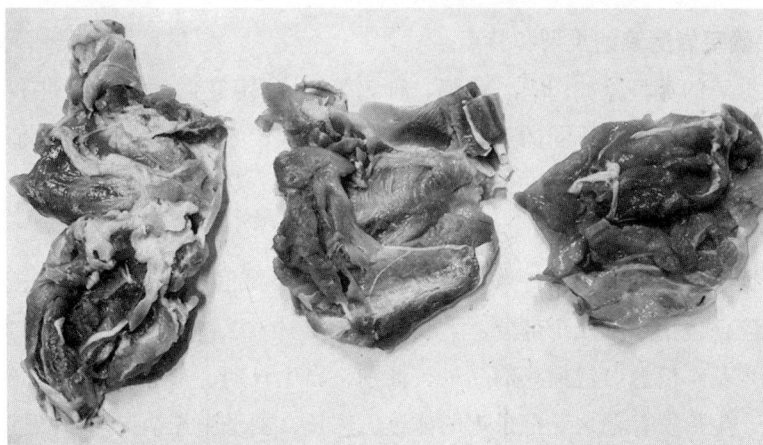

分割后的岩鹰鸡鸡腿肉

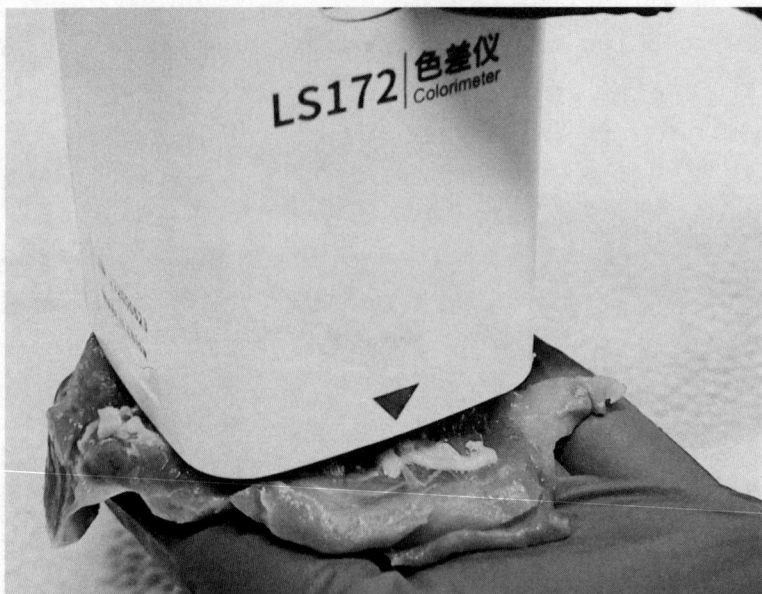

测定岩鹰鸡鸡腿肉的肉色

5. 饲料和药物使用

记录饲料的种类、数量、使用时间，以及药物的种类、剂量、使用时间等。

二、根据不同类型的岩鹰鸡制定个性化的养殖记录表

1. 确定岩鹰鸡的类型和特点

根据鸡的类型（如肉鸡、蛋鸡、种鸡等），确定它们的生理特性和养殖要求。不同类型的鸡有不同的生长速度、饲料需求、繁殖能力和市场价值，因此需要制订相应的养殖记录表来跟踪这些关键指标。

2. 设计记录表的结构

根据岩鹰鸡的类型和特点，设计一个包含必要信息的记录表。一般来说，记录表应该包括以下几个部分：

（1）基本信息　包括鸡的品种、性别、出生日期、来源等。

（2）生长发育记录　记录鸡的体重、体长、羽毛生长情况等。

（3）饲料和饮水记录　详细记录每天的饲料摄入量和水质情况。

（4）健康和疾病记录　记录鸡的健康状况、疫苗接种、疾病治疗等。

（5）繁殖记录　对于蛋鸡和种鸡，需要记录产蛋率、受精率、孵化率等。

（6）经济指标记录　包括饲料成本、人工成本、销售收入等。

3. 实施和维护记录表

养殖开始时就需要实施记录表，并定期更新数据。同时，要确保记录的准确性和完整性，以便及时发现和解决问题。对于大型养殖场，可以考虑使用专业的养殖管理软件来辅助记录和分析数据。

4. 定期评估和优化

定期回顾和分析记录数据，评估养殖效果，并根据需要调整养殖策略。这有助于提高养殖效率，降低成本，提高产品质量。

请注意，上述步骤是通用的建议，具体的记录表设计可能需要根据您的具体情况进行调整。如果您需要更详细的指导，可以参考相关的养殖手册或咨询专业的养殖顾问。

三、在岩鹰鸡养殖过程中需要特别关注的指标

在岩鹰鸡养殖过程中，有几个关键指标需要特别关注，以确保鸡群的健康和生产效率。以下是一些核心指标：

1. 体重和胫长

在育雏期，体重和胫长是衡量鸡群健康和未来生产潜力的重要指标。体重和胫长的增长速度与鸡群成年后的产蛋性能密切相关。因此，定期称重和测量胫长对于调整饲养管理策略至关重要。

2. 产蛋性能

产蛋性能是评估鸡群经济效益的关键指标。这包括每天的产蛋量、产蛋率、单枚鸡蛋重量等。通过详细记录这些数据，可以及时发现问题并采取措施，以保持鸡群的最佳生产状态。

3. 蛋壳质量

蛋壳质量反映了鸡群的健康状况和营养状况。薄壳蛋、软壳蛋、裂纹蛋等都可能指示出鸡群的健康问题或营养不足。因此，定期检查蛋壳质量对于维护鸡群的整体健康有十分重要的意义。

附录 3　疫苗接种

1 日龄：马立克氏病：接种马立克氏病双价苗，颈部皮下注射 0.2 毫升。

7 日龄：新城疫：接种 IV 系疫苗，滴鼻。传染性支气管炎：接种 H120 苗，滴口、滴鼻。

11 日龄：传染性支气管炎：再次接种，使用呼吸型、肾型、腺胃型传染性支气管炎油乳剂灭活苗，肌内注射。禽流感：使用禽流感 H5-H7 二价灭活疫苗进行接种，肌内注射。

14 日龄：传染性法氏囊病：接种中等毒力毒株疫苗，滴口。

18 日龄：传染性支气管炎：第三次接种，使用油乳剂灭活苗，肌内注射。

22 日龄：传染性法氏囊病：第二次接种，使用中等毒力毒株疫苗，饮水。

27 日龄：新城疫：接种活苗和油乳剂苗，饮水和肌内注射。鸡痘：鸡痘疫苗，翅膀下穿刺接种。

42 日龄：禽流感：使用禽流感 H5-H7 二价灭活疫苗进行接种，肌内注射。

50 日龄：传染性喉气管炎：根据当地疫病决定是否接种，滴鼻、滴口、滴眼。

60 日龄：新城疫：接种油乳剂灭活苗。传染性支气管炎：再次接种，使用油乳剂灭活苗。

90 日龄：大肠杆菌病：接种灭活苗，肌内注射。

120 日龄：新城疫：接种油乳剂灭活苗。鸡传染性支气管炎：接种油乳剂灭活苗。减蛋综合征：接种油乳剂灭活苗。

附录4 疾病诊断与防治

疾病诊断与防治

病名	症状	诊断	治疗	预防
鸡球虫病	精神沉郁，羽毛蓬松，食欲下降，粪便为紫褐色或血粪	通过粪便检查发现球虫卵囊	使用抗球虫药物，如氯苯胍	保持鸡舍干燥、通风、干净，避免成年鸡与雏鸡混养
鸡呼吸道综合征	呼吸困难，咳嗽，打喷嚏	通过临床症状和实验室检测进行确诊	使用抗病毒药物和抗生素	改善饲养管理，减少应激，定期消毒
鸡新城疫	呼吸困难，咳嗽，结膜炎，鼻窦炎	通过血清学检测和病毒分离进行确诊	疫苗接种和使用抗病毒药物	定期接种疫苗，加强生物安全措施
鸡传染性鼻炎	面部肿胀，眼周围和肉垂肿大，分泌物增多	通过临床症状和实验室检测进行确诊	使用抗生素和支持疗法	改善通风，减少拥挤，定期消毒
鸡传染性喉气管炎	呼吸困难，咳嗽，咳出带血的黏液	通过临床症状和实验室检测进行确诊	使用抗生素和支持疗法	改善通风，减少拥挤，定期消毒
鸡传染性支气管炎	呼吸困难，咳嗽，打喷嚏，气喘	通过临床症状和实验室检测进行确诊	使用抗病毒药物和抗生素	定期接种疫苗，加强生物安全措施
鸡慢性呼吸道病	流鼻涕、咳嗽、窦炎、结膜炎及气囊炎	通过临床症状和实验室检测进行确诊	使用抗生素和支持疗法	改善通风，减少拥挤，定期消毒
鸡输卵管炎	产蛋量下降，蛋壳变薄	通过临床症状和实验室检测进行确诊	使用抗生素和支持疗法	改善饲养管理，减少应激，定期消毒

附录 5　品种资源的保护和利用

在岩鹰鸡的选育过程中，品种资源的保护和利用是很重要的。品种资源是农业生物多样性的宝贵组成部分，其不仅是选育新品种的素材，也是农业可持续发展的基石。因此，人们必须采取有效的措施来保护和合理利用这些珍贵的遗传资源。

1. 建立和完善种质资源库

保护品种资源，首先要建立和完善岩鹰鸡种质资源库。种质资源库是收集、保存和鉴定种质资源的重要设施。它可以通过种子保存、胚胎保存或体细胞保存等方式来长期保存岩鹰鸡的遗传材料。这样即使在自然环境发生灾难性事件的情况下，也能够保证种质资源的安全，为未来的选育工作提供物质基础。

2. 调查与评估现有品种资源

对现有品种资源进行全面的调查和评估，涉及岩鹰鸡的起源、分布、生态习性、生产性能等方面。通过这些研究，了解每个品种的独特价值和潜在应用，为后续的选育工作提供科学依据。

3. 采用适当的选育技术

在选育过程中，应采用适当的选育技术，以保持岩鹰鸡品种的遗传多样性。例如，可以采用轮换、混交等方法来防止近亲繁殖，同时通过选择具有优良性状的个体进行杂交，以及引入新的遗传变异等方式，丰富种群的遗传基础。

4. 积极参与国际合作

积极参与国际合作，共享种质资源信息，避免物种资源的流失。通过国际合作，促进种质资源的保护和合理利用，共同应对全球生物多样性面临的挑战。

5. 加强法律保护

加强对岩鹰鸡品种资源的法律保护。通过立法手段，限制非法交易和滥用种质资源，确保这些宝贵的遗传资源得到合理利用和长期保护。

6. 加强宣传教育

加强对岩鹰鸡品种资源的宣传和教育。提高公众对种质资源保护重要性的认识，鼓励社会各界参与到岩鹰鸡品种资源的保护工作中来。

综上所述，在岩鹰鸡的选育过程中，应采取有效的措施来保护和合理利用品种资源。通过建立种质资源库、全面调查评估、采用适当的选育技术、积极参与国际合作、加强法律保护、加强宣传教育等手段，可以确保岩鹰鸡品种资源得到长期的保护和可持续的利用，为岩鹰鸡产业的发展提供坚实的基础。

附录6 岩鹰鸡阉鸡

岩鹰鸡阉鸡，顾名思义，是指经过阉割处理的岩鹰鸡公鸡。

1. 品种来源

岩鹰鸡阉鸡源自四川省凉山彝族自治州美姑县，具有悠久的养殖历史，品种来源可追溯到秦、汉时期。

2. 生态养殖环境

岩鹰鸡阉鸡通常在海拔1 800～2 800米的高寒多变气候环境中生长，这种环境有利于其抗逆性的培养。它们主要栖息在山地、林间、草地自由觅食，这些地区保持了较完整的原始森林，植被丰富，为岩鹰鸡阉鸡提供了良好的生态环境。

3. 外观特征

体形适中，头部清秀，眼大而明，鸡冠、耳叶、肉垂细小，颈部较粗长，背部宽平，体格高大，胫骨粗长，体质结实，结构匀称，肉用体形较明显。

4. 肉质特性

岩鹰鸡阉鸡鸡肉肉质细嫩、香味浓郁、口感良好、营养价值较高、胆固醇含量低。岩鹰鸡阉鸡鸡肉中含有丰富的蛋白质和氨基酸，具有较高的营养价值和药用价值。

5. 生产性能

生长速度比未阉割的公鸡快，饲料转化率更高。

6. 市场认可

岩鹰鸡阉鸡因其独特的风味和营养价值，在市场上享有较高的知名度，尤其在四川省内市场认可度高。

7. 营养价值

岩鹰鸡阉鸡鸡肉富含高质量蛋白质、多种必需氨基酸，以及多种矿物质和维生素。其中，蛋白质含量高达20%，氨基酸种类齐全，对于维持人体正常生理功能具有重要作用。此外，岩鹰鸡阉鸡鸡肉还富含铁、锌、钙等矿物质，以及维生素 A、B 族维生素等，有助于增强食用者的免疫力、改善视力等。

8. 鸡肉口感

经过阉割处理后，阉鸡的肉质变得更加细嫩，烹饪后的肉质鲜嫩多汁，口感醇厚。

9. 养殖管理

在生产过程中，岩鹰鸡阉鸡的科学养殖是保证其产品质量的关键环节。养殖户采用科学的饲养方法，确保岩鹰鸡的生活环境舒适、卫生，同时严格控制饲料质量，避免使用激素和化学添加剂。此外，养殖户还定期对岩鹰鸡进行健康检查，确保其健康状况良好，从而保证产出的阉鸡产品品质上乘。

160 日龄的岩鹰鸡阉鸡

200 日龄的岩鹰鸡阉鸡

美姑阉鸡

附录 7   种鸡健康状况的评估和监测

在家禽产业中，种鸡的健康状况是决定生产效益和种群可持续性的关键因素。为了确保种鸡的健康，需要从多个维度进行细致的评估和监测。

1. 外观观察

外观观察是初步判断种鸡健康状况的直观方法。健康的种鸡羽毛整洁、光泽熠熠，无明显的缺损或寄生虫感染迹象。眼睛应明亮有神、无分泌物、反应敏捷，这表明其视觉功能正常，神经系统运作良好。呼吸平稳、无喘息或异常声音，这反映了其呼吸系统的健康状态。皮肤应无红斑、溃疡或肿块，这些症状可能是感染或其他健康问题的表现。

2. 行为评估

行为评估是判断种鸡健康的重要手段之一。健康的种鸡活动自如、反应灵敏、食欲正常、无厌食或暴饮暴食的现象。正常的排泄表现，如粪便的颜色、质地和频率，也是健康的重要指标。此外，观察种鸡的社交行为，如是否有攻击性或过度孤立，也能提供关于其健康状态的线索。

3. 生理测量

生理测量为评估种鸡健康提供了更为精确的数据支持。通过测量体温、心率和体重等生理参数，可及时发现是否存在异常变化。例如，体温的异常波动可能表明种鸡正在经历某种应激反应或感染；心率的加快或减慢可能指示心脏功能异常；体重的急剧增减可能是营养不良或疾病的表现。

4. 免疫状态的监测

免疫状态的监测是预防和控制传染病的有效方法。定期检测种鸡的抗体水平，可以评估种鸡对特定病原体的免疫力。按时接种疫苗，是预防传染病的有效措施。

5. 环境检查

清洁、干燥、通风良好的养殖环境对于种鸡的健康十分重要。不卫生的环境容易滋生病原体，增加疾病传播的风险。

6. 实验室检测

实验室检测可以提供更深入的健康信息，如血液检查可以评估种鸡的血液细胞计数、生化指标等，而病原体检测可以帮助识别和隔离潜在的感染源。

综合运用外观观察、行为评估、生理测量、免疫状态监测、环境检查及实验室检测等多种手段，可以全面评估种鸡的健康状况。及时发现并处理健康问题，不仅可以提高种鸡的繁殖效率和生产性能，而且对于整个家禽产业的可持续发展具有深远影响。

附录 8　饲料的储存与管理

一、预防饲料发霉

为了有效预防饲料发霉，可以采取以下措施：

1. 控制湿度

保持饲料储存环境的干燥和通风，避免饲料受潮。湿度是引起霉菌生长的主要因素之一，因此应确保饲料的水分含量不超过 14%。

2. 使用防霉剂

在饲料中添加防霉剂，如丙酸钙或丙酸钠，可以有效抑制霉菌的生长和繁殖。

3. 定期检查和处理

定期检查饲料的质量，及时移除已发霉或变质的饲料。对于轻微发霉的饲料，可以通过水洗、蒸煮或发酵等方式进行处理，以去除霉菌和毒素。

4. 储存管理

确保饲料储存空间干燥，避免直接接触地面和墙面。使用适当的容器储存饲料，如塑料或金属容器，并确保容器密封良好。

5. 饲料轮换

定期更换饲料种类，避免同一批饲料长时间存储，减少发霉的风险。

二、饲料储存期间的环境因素控制

饲料应储存在避光、阴凉、干燥、通风并远离水源的地方。夏季储存期以 3～5 天为宜，冬季以 5～7 天为宜。在储存岩鹰鸡饲料时，环境因素的控制非常重要。

1. 温度控制

（1）理想温度范围　饲料的储存温度以 15～25 ℃为宜，避免过高或过低的温度对饲料造成受潮。

（2）季节性调整　在夏季，由于气温较高，应特别注意防止饲料过热，可以通过增强通风或使用冷却设备来维持适宜的温度。

2. 湿度控制

（1）相对湿度　饲料储存室的相对湿度应控制在 70% 以下，以抑制微生物生长和防止饲料受潮。

（2）防潮措施　使用除湿剂或防潮箱等，确保饲料干燥，防止潮湿引起的霉变。

3. 通风条件

确保储存环境通风良好，有助于调节湿度和温度，防止饲料变质。

4. 防虫防鼠

采取措施防止害虫和鼠类侵入。

5. 防潮防火

做好饲料储存室和储存容器的防潮、防火工作。

6. 定期检查

定期检查饲料的状态，及时发现并处理受潮或发热的饲料，防止霉变和其他质量问题。

通过上述措施，可以有效地控制岩鹰鸡饲料的储存环境，确保饲料的质量和安全。

附图 1　圈养的岩鹰鸡

圈养的岩鹰鸡

圈养的岩鹰鸡公鸡和母鸡（公鸡体型细长，母鸡瘦小）

圈养的岩鹰鸡青年鸡群

圈养的岩鹰鸡成年鸡群

附图 2 开发的岩鹰鸡菜品

"手撕岩鹰鸡"销售外包装和整鸡包装

"手撕岩鹰鸡"摆盘呈现

美姑县特色的香菇手撕岩鹰鸡

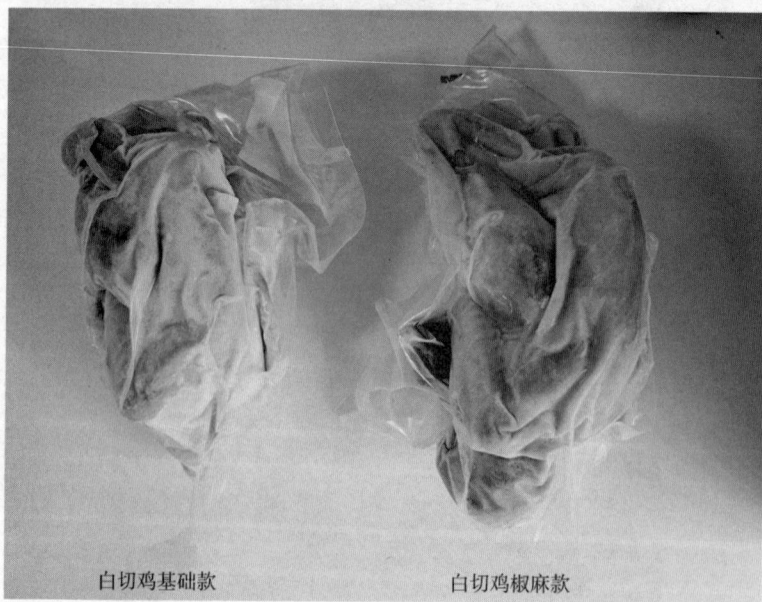

白切鸡基础款　　　　　白切鸡椒麻款

岩鹰鸡白切鸡系列冻货产品

194

岩鹰鸡白切鸡椒麻款装盘

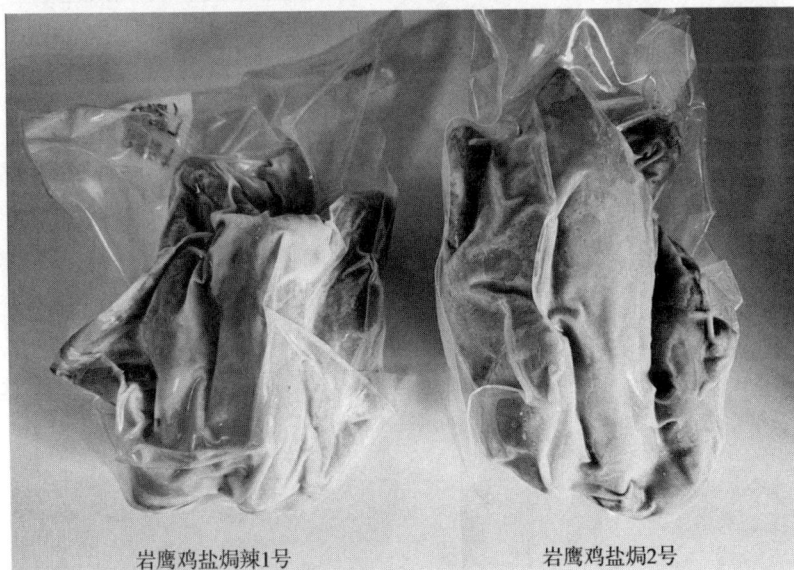

岩鹰鸡盐焗辣1号   岩鹰鸡盐焗2号

岩鹰鸡盐焗鸡冻货产品

岩鹰鸡盐焗鸡摆盘

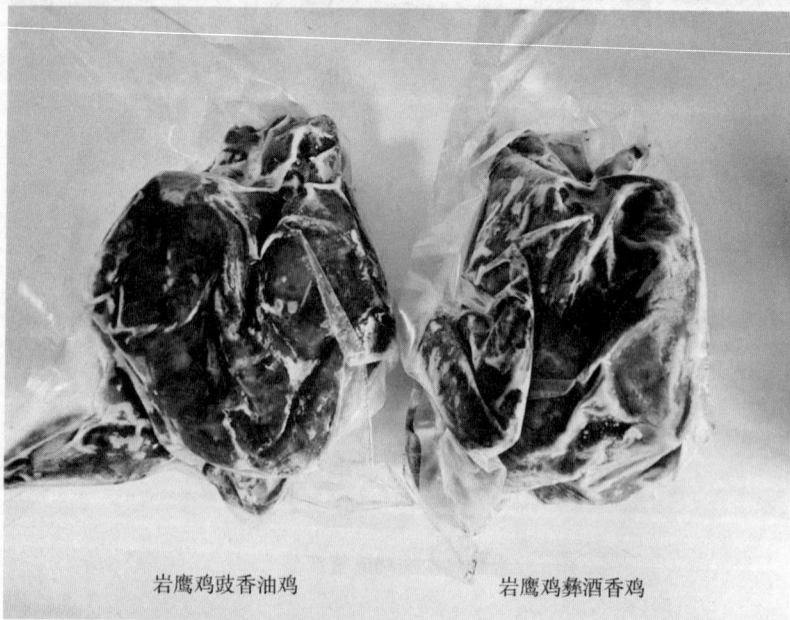

岩鹰鸡豉香油鸡 　　　　　　　岩鹰鸡彝酒香鸡

岩鹰鸡豉香油鸡、彝酒香鸡冻货产品

岩鹰鸡豉香油鸡、彝酒香鸡摆盘

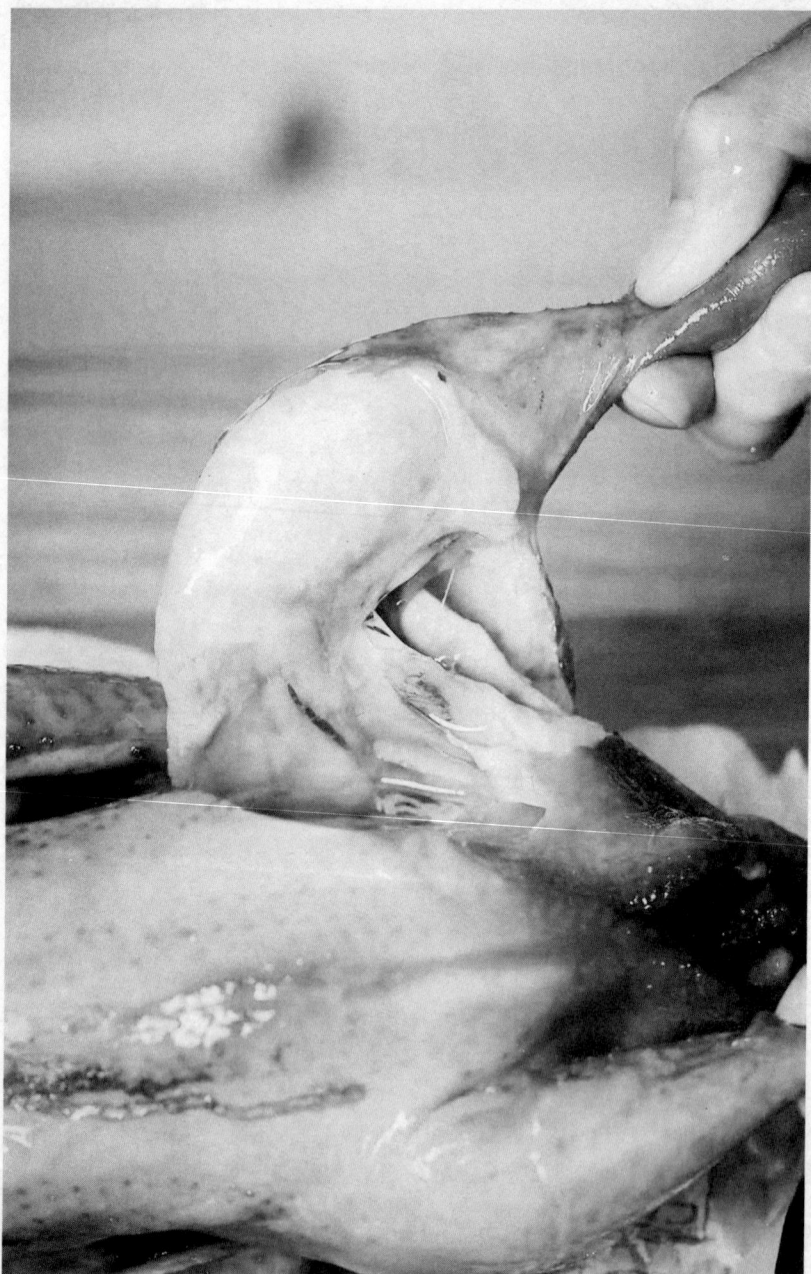

美姑岩鹰鸡烤鸡

附图3 岩鹰鸡科技小院专家组

岩鹰鸡科技小院专家组

采集现场

开展美姑岩鹰鸡性能测定